实验性工业设计系列教材

产品设计程序与实践方法

吴佩平　章俊杰　编著

中国建筑工业出版社

图书在版编目（CIP）数据

产品设计程序与实践方法 / 吴佩平，章俊杰编著. —北京：中国建筑工业出版社，2012.6
实验性工业设计系列教材
ISBN 978-7-112-14358-0

I. ①产… II. ①吴…②章… III. ①工业产品 – 产品设计 – 教材 IV. ① TB472

中国版本图书馆 CIP 数据核字（2012）第 105251 号

本书一共分为四章：第一章简单介绍了工业设计发展的历史以及工业设计包含的内容和特点；第二章按照产品设计开发的程序分小节讲解每一个设计流程，通过这一章的学习可以初步了解产品设计开发的基本流程；第三章讲述了产品设计开发的思维模式，以及在设计过程中常用的实践方法；第四章用实践案例来解析产品设计开发程序以及如何具体应用各种思维方法，案例汇集了学生练习、设计竞赛、企业实际设计项目等内容，通过这一章的学习可以对前两章的内容有一个更加具体和深入的理解。对应不同的设计任务，具体的设计程序和适用的思维方法也都不尽相同，需要具体问题具体分析，灵活运用。

责任编辑：吴 绫 李东禧
责任校对：陈晶晶 刘梦然

实验性工业设计系列教材
产品设计程序与实践方法
吴佩平 章俊杰 编著
*
中国建筑工业出版社出版、发行（北京西郊百万庄）
各地新华书店、建筑书店经销
北京嘉泰利德公司制版
北京中科印刷有限公司印刷
*
开本：787×1092毫米 1/16 印张：9 字数：230千字
2013年6月第一版 2013年6月第一次印刷
定价：45.00元
ISBN 978-7-112-14358-0
（22431）

版权所有 翻印必究
如有印装质量问题，可寄本社退换
（邮政编码 100037）

"实验性工业设计系列教材"编委会

（按姓氏笔画排序）

主　编： 王　昀

编　委： 卫　巍　王　昀　王菁菁　刘　征　严增新
李东禧　吴　绫　吴佩平　吴晓淇　张　煜
陈　苑　陈斗斗　陈晓蕙　武奕陈　周　波
周东红　荀小翔　俞　坚　徐望霓　章俊杰
彭　喆　傅吉清　雷　达

序　一

今天，一个十岁的孩子要比我们那时（20 世纪 60 年代）懂得多得多，我认为那不是父母亲与学校教师，而是电视机与网络的功劳。今天，一个年轻人想获得知识也并非一定要进学校，家里只需有台上了网的电脑，他（她）就可以获得想获得的所有知识。

联合国教科文组织估计，到 2025 年，希望接受高等教育的人数至少要比现在多 8000 万人。假如用传统方式满足需求，需要在今后 12 年每周修建 3 所大学，容纳 4 万名学生，这是一个根本无法完成的任务。

所以，最好的解决方案在于充分发挥数字科技和互联网的潜力，因为，它们已经提供了大量的信息资源，其中大部分是免费的。在十年前，麻省理工学院将所有的教学材料都免费放到网上，开设了网络公开课。这为全球教育革命树立了开创性的示范。

尽管网上提供教育材料有很大好处，但对这一现象并不乏批评者。一些人认为：并不是所有的网络信息都是可靠的，而且即便可信信息也只是真正知识的起点；网络上的学习是“虚拟的”，无法引起学生的注目与精力；网络上的教育缺乏互动性，过于关注内容，而内容不能与知识画等号等。

这些问题也正说明传统大学依然存在的必要性，两种方式都需要。99%的适龄青年仍然选择上大学，上著名大学。

中国美术学院是全国一流的美术院校，现正向世界一流的美术院校迈进。

在 20 世纪 1928 年的 3 月 26 日，国立艺术院在杭州孤山罗苑举行隆重的开学典礼。时任国民政府教育部长的蔡元培先生发表热情洋溢的演说：“大学院在西湖设立艺术院，创造美，以后的人，都改其迷信的心，为爱美的心，借以真正完成人们的美好生活。”

由国民政府创办的中国第一所“国立艺术院”，走过了 85 年的光阴，经历了民国政府、抗日战争、解放战争、“文化大革命”与改革开放，积累了几代人的呕心历练，成就了一批中华大地的艺术精英，如林风眠、庞薰琹、赵无极、雷圭元、朱德群、邓白、吴冠中、柴非、溪小彭、罗无逸、温练昌、袁运甫……他们中间有绘画大师，有设计理论大师，有设计大师，有设计教育大师；他们不仅成就了自己，为这所学校添彩，更为这个国家培养了无数的栋梁之才。

在立校之初林风眠院长就创设了图案系（即设计系），应该是中国设立最早的设计专业吧。经历了实用美术系、工艺美术系、工业设计系……今天设计专业蓬勃发展，已有20多个系科、40多个学科方向；每年招收本科生1600人，硕士、博士生350人（一所单纯的美术院校每年在校生也能达到8000人的规模）；就读造型与设计专业的学生比例基本为3：7；每年的新生考试基本都在6万多人次，去年竟达到了9万多人次。2012年工业设计专业100名毕业生全部就业工作。在这新的历史时期，中国美术学院院长提出："工业设计将成为中国美术学院的发动机"。

这也说明一所名校，一所著名大学所具备的正能量，那独一无二的中国美术学院氛围和学术精神，才是学子们真正向往的。

为此，我们编著了这套设计教材，里面有学识、素养、学术，还有氛围。希望抛砖引玉，让更多的学子们能看到、领悟到中国美术学院的历练。

赵阳于之江路旁九树下

2013年1月30日

序　二　实验性的思想探索与系统性的学理建构

在互联网时代，海量化、实时化的信息与知识的传播，使得“学院”的两个重要使命越发凸显:实验性的思想探索与系统性的学理建构。本次中国美术学院与中国建筑工业出版社合作推出的“实验性工业设计系列教材”亦是基于这个学院使命的一次实验与系统呈现。

2012年12月，“第三届世界美术学院院长峰会”的主题便是“继续实验”，会议提出：学院是一个（创意）知识的实验室，是一个行进中的方案；学院不只是现实的机构，还是一个有待实现的方案，一种创造未来的承诺。我们应该在和社会的互动中继续实验,梳理当代艺术、设计、创意、文化与科技的发展状态，凸显艺术与设计教育对于知识创新、主体更新、社会革新的重要作用。

设计本身便是一种极具实验性的活动，我们常说“设计就是为了探求一个事情的真相”。对真相的理解，见仁见智。所谓真相，是针对已知存在的探索，其背后发生的设计与实验等行为，目的是为了找到已知的不合理、不正确、未解答之处，乃至指向未来的事情。这是一个对真相的思辨、汲取与认识的过程，需要多种类、多层次、多样化的思考，换一个角度说：真相正等待你去发现。

实验性也代表着一种“理想与试错”的精神和勇气。如果我们固步自封，不敢进行大胆假设、小心求证的“试错”，在教学课程与课题设计中失却一种强烈的前瞻性、实验性思考，那么在工业设计学科发展日新月异的当下，是一件蕴含落后危机的事情。

在信息时代，除了海量化、实时化，综合互动化亦是一个重要的特征。当下的用户可以直接告诉企业：我要什么、送到哪里等重要的综合性信息诉求，这使得原本基于专业细分化而生的设计学科各专业，面临越来越多的终端型任务回答要求，传统的专业及其边界正在被打破、消融乃至重新演绎。

面向中国高等院校中工业设计专业近乎千篇一律的现状，面对我们生活中的衣、食、住、行、用、玩充斥着诸如LV、麦当劳、建筑方盒子、大众、三星、迪斯尼等西方品牌与价值观强植现象，中国的设计又该何去何从?

中国美术学院的设计学科一直致力于探求一种建构中国人精神世界的设计理想，注重心、眼、图、物、境的知识实践体系，这并非说平面设计就是造“图”、工业设计与服装设计就是造“物”、综合设计

Foreword

就是造“境”，实质上，它是一种连续思考的设计方式，不能被简单割裂，或者说这仅代表各个专业回答问题的基本开场白。

我们不再拘泥于以“物”为区分的传统专业建构，比如汽车设计专业、服装设计专业、家具设计专业、玩具设计专业等，而是从工业设计最本质的任务出发，研究人与生活，诸如：交流、康乐、休闲、移动、识别、行为乃至公共空间等要素，面向国际舞台，建立有竞争力的工业设计学科体系。伴随当下设计目标和价值的变化，新时代的工业设计不应只是对功能问题的简单回答，更应注重对于“事”的关注，以“个性化大批量”生产为特征，以对“物”的设计为载体，最终实现人的生活过程与体验的新理想。

中国美术学院工业设计学科建设坚持文化和科技的双核心驱动理念，以传统文化与本土设计营造为本，以包豪斯与现代思想研究为源，以感性认知与科学实验互动为要，以社会服务与教学实践共生为道，建构产品与居住、产品与休闲、产品与交流、产品与移动四个专业方向。同时，以用户体验、人机工学、感性工学、设计心理学、可持续设计等作为设计科学理论基础，以美学、事理学、类型学、人类学、传统造物思想等理论为设计的社会学理论基础，从研究人的生活方式及其规划入手，开展家具、旅游、康乐、信息通信、电子电器、交通工具、生活日常用品等方面产品的改良与创新设计，以及相关领域项目的开发和系统资源整合设计。

回顾过去，本计划从提出到实施历时五年，停停行行、磕磕绊绊，殊为不易。最初开始于2007年夏天，在杭州滨江中国美术学院校区的一次教研活动；成形于2009年秋天，在杭州转塘中国美术学院象山校区的一次与南京艺术学院、同济大学、浙江大学、东华大学等院校专业联合评审会议；立项于2010年秋天，在北京中国建筑工业出版社的一次友好洽谈，由此开始进入“实验性工业设计系列教材”实质性的编写“试错”工作。事实上，这只是设计“长征”路上的一个剪影，我们一直在进行设计教学的实验，也将坚持继续以实验性的思想探索和系统性的学理建构推进中国设计理想的探索。

王昀撰于钱塘江畔

壬辰年癸丑月丁酉日（2013年1月31日）

前　言

“产品设计程序与实践方法”是工业设计专业学生进入设计课程后一次系统的设计入门训练。目前国内外关于产品设计程序与方法类的教材和辅导书相当多，所以在编写本教材之前，我一直在思考：这本教材应该有什么特色。

这么多年来，每一门课程之前，我都会拟一个书目单给学生，让他们自学，而每次到课程结束，我会作一个大概的统计：借阅或者购买书的学生比例大概是总人数的60%～70%；翻阅过书的是总人数的30%～40%左右；而最后真正看懂书并能进行一些交流的不会超过总人数的10%。这是一个比较让人担忧的事情。在我们艺术类院校，学生们似乎都习惯于翻阅画册式书籍，而对于文字类书籍的阅读有一定排斥，尤其是一些跨专业的课程比如《设计心理学》之类的书籍，如果没有极大的兴趣和安静的心境，很难让一个本科二、三年级的学生看下去，更别提吸收、理解以及应用了。

产品设计是一门艺术与技术交叉、感性和理性相结合的学科。所以必须采取感性训练和理性思维双管齐下的教育策略。程序和方法是一个死的套路。好比练武之人，拳法套路只是提供了一个练习的基本框架。具体的应用以及成效如何，还要看个人的灵活应变能力和自身功力修为。一个优秀工业设计师的培养，同时需要感性和理性的修为。感性是基础，理性的提高是为了感性的升华。光有感性的天赋不可能达到设计的最高峰，需要借助理性思维的力量才能刚柔并济、收放结合，在设计的道路上绽放一朵朵令人惊艳的奇葩。而针对艺术类院校低年级学生理论学习能力薄弱的特点，可以因人施教，在专业理论教材的编写上，通过把深奥晦涩的理论知识点梳理归纳，转换成生动有趣、浅显易懂的内容，再结合实践设计案例让学生理解接受这样的入门学习方法，掌握基础知识。

《产品设计程序与实践方法》教材中的理论部分根据国内、外工业设计前辈们的总结以及自己在教学实践中的经验总结，选择了我认为适合这个阶段学生学习的一些内容进行编写。本书的案例非常详尽，包含了设计团队的很多思考过程，这是非常珍贵的学习资料，因此非常感谢给本书提供案例的历届学生、万喜同学，以及一直以来给我支持和鼓励的杭州瑞德设计公司的李琦和宝哥。

Preface

目　录

Contents

1

第一章　工业设计概论

【学习目的与要求】

本章首先介绍了工业设计的发展概况，接着讲述了工业设计的概念和内容以及随着时代变迁而相应的变化，最后介绍了工业设计这门学科的特点。本章要求学生对工业设计的发展历史有一个比较详细的了解，认清当前工业设计在设计历史发展阶段所处的位置，认识到每一种设计思潮变迁背后的社会、经济、技术和文化背景对设计历史的影响；明确工业设计对整个社会发展的作用；理解当代工业设计的任务既是对传统文化的传承，又是基于全球未来可持续发展视野的创新。

1.1　工业设计发展简史

无论学习哪一门学科，关于这门学科的历史总是应该了解的。对于工业设计专业的学生来说，也不外乎如此。要进入系统的工业设计学习，首先必须了解：工业设计专业是什么时候产生的；为什么产生；曾有过哪些理论思潮；有过哪些具有影响力的作品……只有这样，才能更加明白作为当下的设计师应该做些什么，才能洞悉工业设计将会朝着怎样的方向发展。

一般来说讲述工业设计，我们都从19世纪末的工业革命开始，机械化、批量化大生产促使社会各行业和工种的分工细化，导致设计与生产、生产与销售相分离。工业设计最初思潮也正是由于19世纪初机器化产品的“无设计”而萌芽。目前，几乎全球所有的国家都已经进入工业化进程，工业产品渗透于人们工作和生活的每一个方面。工业设计也成为影响全人类各项活动、在许多研究领域引起共同关注的重要学科。

工业设计发展历史可大致划分为三个阶段。

第一个阶段是工业设计的酝酿和探索阶段，大致为18世纪下半叶至20世纪初期。在此期间，设计思想开始萌芽，设计改革运动初现，传统的手工艺设计逐步向工业设计过渡，现代工业设计初露端倪。

第二个阶段是现代工业设计形成与发展的重要时期，大致为

1919～1939年，这一时期工业设计形成了系统的理论，并开始在世界范围内得到传播。

第三个阶段是工业设计成熟时期，也就是1939年之后，在这一时期西方工业设计思潮出现了众多流派，每一次的改革思潮都涌现出一批优秀的设计师，同时工业设计和科学技术紧密结合达到了工业设计发展的成熟时期。

1.1.1 工业设计的酝酿和探索阶段

现代工业设计的发展历史一般可以从1851年伦敦“水晶宫”国际工业博览会开始，正是由于这次博览会引发了19世纪下半叶到20世纪初由约翰·拉斯金和威廉·莫里斯为代表的第一次工业设计改革思潮——工艺美术运动。工艺美术运动反对由于工业机械化批量生产所造成的粗陋外形而进行的不恰当装饰，主张“艺术与技术相结合”、“艺术家从事产品设计”、“崇尚自然”等观念，应该说工艺美术运动的最大贡献之一是揭开了现代设计的序幕，但是他们反对机械化的大批量生产，认为只有手工艺品才是美的，这种理论思想不符合社会发展的整体趋势，所以并不能在历史舞台长久持续。

而在设计历史上被视为现代设计开端的是受工艺美术运动思潮影响的“新艺术”运动。“新艺术”运动没有统一的指导思想，在欧洲和美国的各个地区有着不同的风格与追求，主要体现在人们在工业革命到来时对新事物的束手无策和对新表现风格的追求。“新艺术”运动中的一些小群体，如德国青年风格、维也纳分离派等都成为20世纪现代主义风格的前奏。

随着科学技术的发展，新技术和新材料不断创新，以勒·柯布西耶、格罗皮乌斯等人为代表的现代设计先驱开始努力探索新的设计道路，以适应现代社会对设计的要求。以颂扬机器及其生产的产品、强调几何构图为特征的未来主义、风格派、构成主义等现代艺术流派兴起，机器美学作为一种时代风格也应运而生。主张功能第一、突出现代感和扬弃传统式样的现代设计概念萌芽，奠定了现代工业设计的基础。

1.1.2 工业设计形成与发展时期

1918年第一次世界大战结束后，一部分艺术家和设计师试图振兴民族的艺术与设计。其中格罗皮乌斯就是最为活跃的设计师之一，他参加了由画家、雕塑家和建筑师组成的表现主义团体“11月社”，主张“以绝对、必然以及内在真实的表现作为艺术的本质”，宣称要在废墟上建立起一个新的世界，这些表现主义的思想对包豪斯产生了深远的影响。1919年，格罗皮乌斯在德国魏玛筹建国立建筑学校——包豪斯，目的是培养新型设计人才。

在工业设计形成和发展阶段中，包豪斯是最主要的一段历史。而对于整个现代工业设计历史而言，包豪斯是一个非常重要的里程碑。“包豪斯”一词是由德语的“建造”和“房屋”两个词的词根构成的。包豪斯名为建筑学校，但1927年之前并无建筑专业，只有纺织、陶瓷、金工、玻璃、雕塑、印刷等科目。在格罗皮乌斯的指导下，这个学校在设计教学中贯彻了新的方针和方法，主要是以下五点：

1.在设计中提倡自由创造，反对模仿因袭、墨守成规；

2.将手工艺与机器生产结合起来，提倡在掌握手工艺的同时，了解现代工业的特点，用手工艺的技巧创作高质量的产品，并能供给工厂大批量生产；

3.强调基础训练，从现代抽象绘画和雕塑发展而来的平面构成、立体构成和色彩构成等基础课程是包豪斯对现代工业设计教育作出的最大贡献之一；

4.强调实际动手能力和理论素养并重；

5.把学校教育与社会生产实践结合起来。

包豪斯在强调艺术美学的同时，并不敌视机器，而是试图与工业建立广泛的联系，顺应了时代的要求。在设计理论上，包豪斯提出了三个基本观点：艺术与技术的新统一；设计的目的是人，而不是产品；设计必须遵循自然与客观的法则来进行。这些观点对于工业设计的发展起到了积极作用，使现代设计逐步形成理性的、科学的思想，由理想主义走向现实主义。包豪斯从理论上、实践上和教育体制上推动了工业设计的发展。

1.1.3 工业设计成熟时期

第二次世界大战后，各国的工业设计伴随着不同国家和文化而逐步发展形成了不同的设计风格，比如德国设计比较注重理性思维，考虑被设计的物和人之间的尺寸、模数合理性等物理关系而形成最具影响的现代主义风格；北欧设计更加关注人的心理感受，如斯堪的纳维亚地区所处地理环境和气候条件决定了他们的设计非常注重人和室内物品之间的关系、关注人的使用感受，而形成了斯堪的纳维亚风格；美国非常注重市场和实用，它包容各种设计思想和一切积极因素，1933年包豪斯关闭之后，包括格罗皮乌斯、汉斯・迈耶、密斯・凡・德・罗在内的500多名设计中坚力量移居美国，为美国设计带来了设计思想意识和教学体系，现代主义于是在美国形成了国际主义风格，它是美国的市场理念同德国的设计理念相结合的产物；以日本等国为代表追求工业技术的发展而形成了高技风格；意大利把艺术、生活和设计当作一个整体，认为设计是为了体现一种文化和生活品质，浪漫和随意的民族个性使其成为后现代主义的发源和繁荣之地；……应该说，这一时期的工业设计正顺应了“百家争鸣、百花齐放”的发展趋势。在设计多元化的今天，人类在包容设计无边界发展的同时，也意识到人类与赖以生存的地球环境之间的和谐关系是进行一切人为创造性活动的最高准则，由此绿色设计、可持续发展设计等设计思潮也正在不断地实践和成熟中。

1.1.4 工业设计发展主要流派、时间、地区和代表人物（表1-1）

了解和掌握工业设计史是工业设计专业学生必须具备的基础理论知识之一，一个没有理论基础的设计师，只能成为一个技师、匠人、手

工业设计发展的主要流派、时间、地区和代表人物 表1-1

设计流派	主要活动地区	理论核心	主要活动时间	代表人物或作品
新古典主义 Neoclassicism	欧美各国	力求恢复古典美术（主要指古希腊、罗马艺术）的传统，追求古典式的宁静，重视素描，强调理性	1760～1880年	让·奥古斯特·多米尼克·安格尔 Jean Auguste Dominique Ingres
折中主义 Eclecticism	欧美各国	没有自己独立的见解和固定的立场，只把各种不同的思潮、理论无原则地、机械地拼凑在一起	1820～1900年	巴黎歌剧院 Opera Garnier
工艺美术运动 the Arts & Crafts Movement	英国	提倡哥特风格淳朴、实用和诚恳；主张设计的诚实性；反对哗众取宠和过度装饰；崇尚自然；拒绝机械生产；提倡用手工艺生产解决机器生产引起的产品外观丑陋问题	1880～1910年	威廉·莫里斯 William Morris 约翰·拉斯金 John Ruskin
新艺术运动 Art Nouveau	欧洲各国	分为直线风格和曲线风格两种；在装饰和平面艺术风格上运用流畅、婀娜的线条；提倡有机的外形和充满美感的女性形象的运用	1890～1910年	赫克托·吉马德 Hector Guimard 安东尼奥·高迪 Antonio Gaudi
维也纳分离派 Vienna Secession	奥地利	与传统的美学观决裂、与正统的学院派艺术分道扬镳，其口号是“为时代的艺术——艺术应得的自由”；强调几何形式与有机形式相结合的造型和装饰设计；反对新艺术运动对花形图案的过度使用	1897～1933年	约塞夫·霍夫曼 Josef Hoffmann
德意志制造联盟 Deutscher Werkbund	德国	提倡通过艺术、工业和手工艺的结合，提高德国设计水平；认为设计的目的是人而不是物；工业设计师不是以自我表现为目的的艺术家；把批量生产和产品标准化作为设计的基本要求	1907～1934年	彼得·贝伦斯 Peter Behrens

续表

设计流派	主要活动地区	理论核心	主要活动时间	代表人物或作品
风格派 De Stijl	荷兰	拒绝使用任何的具象元素，主张用纯粹抽象的几何形来表现；认为抛开具体描绘，抛开细节，才能避免个别性和特殊性，获得人类共通的纯粹精神表现	1917～1931年	蒙德里安·彼得 Mondrian Piet 里特维特 Gerrit Rietveld
构成派 constructivism	苏联	研究建筑空间，采用理性的结构表达方式；对于摆脱代表性之后自由的单纯结构和功能的表现进行探索，以结构的表现为最后终结	1917～1928年	弗拉基米尔·塔特林 Vladimir Tatlin
包豪斯 Bauhaus	德国	艺术与技术的新统一；设计的目的是人而不是产品；设计必须遵循自然与客观的法则来进行	1919～1933年	格罗皮乌斯 Walter Gropius
艺术装饰风格 Art Deco	法国	并不是一种单一的风格，而是两次世界大战期间装饰艺术潮流的总称，包括装饰艺术的各个领域	1925～1935年	
流线型风格 Streamlining	美国	是一种外在的"样式设计"；把产品的外观造型作为促进销售的重要手段；在感情上的价值超过了它在功能上的作用	1935～1945年	费迪南德·波尔舍 Ferdinand Porsche 奥罗·赫勒尔 Orlo Heller
斯堪的纳维亚风格 Scandinavian Stylistic	斯堪的纳维亚	将现代主义设计思想与传统的设计文化相结合，既注意产品的实用功能，又强调设计中的人文因素，避免过于刻板和严酷的几何形式，崇尚富于"人情味"的现代美学，欣赏自然材料	1930～1950年	保罗·汉宁森 Poul Henningsen 阿尔瓦·阿尔托 Alvar Aalto
现代主义 Modernism	欧美各国	是现代设计史上最重要的设计运动之一；以功能主义和理性主义为核心；是大机器时代的生产技术与现代艺术相结合的产物	1920～1950年	格罗皮乌斯 Walter Gropius 路德维希·密斯·凡·德·罗 Ludwig, Mies van der Rohe 勒·柯布西耶 Le Corbusier
商业性设计 American Commercial Design	美国	通过人为的方式使产品在较短时间内失效，从而迫使消费者不断地购买新产品；核心是"有计划的商品废止制"	1945～1960年	哈利·厄尔 Harley Earl
有机现代主义 Organic Design	美国、意大利、斯堪的纳维亚	是对现代主义的继承和发展，造型语言推崇"有机"的自由形态，而不是刻板、冰冷的几何形，无论是在生理，还是心理上给使用者以舒适的感受，标志着现代主义的发展已突破了正统的包豪斯风格而开始走向"软化"	1945～1960年	阿尔瓦·阿尔托 Alvar Aalto 埃罗·沙里宁 Eero Saarinen 马赛罗·尼佐里 Macello Nizzoli
理性主义 Rationalism	欧洲、美国、日本	系统地引进工业技术标准化；反对装饰；强调外形能如实地反映建筑结构及构造特点；注重建筑使用的逻辑性和功能性；提倡简洁、清晰、明朗的建筑风格；强调空间设计的重要性	1960～	乔赛博·特拉尼 Giuseppe Terragni

续表

设计流派	主要活动地区	理论核心	主要活动时间	代表人物或作品
高技术风格 High-Tech	欧洲、日本	以展示现代工艺技术为主要特征；反映了机械为代表的技术特征；在设计中采用高新技术；在美学上鼓吹表现新技术；过度重视新技术的时代体现，把装饰压到最低限度，显得冷漠而缺乏人情味	1960～1980年	蓬皮杜国家艺术与文化中心 Centre National d'art et de Culture Gcorges Pompidou
波普风格 Pop Art	英国	标榜抽象表现主义避之不及的“俗”；旗号是：艺术不应该是高雅的，艺术应该等同于生活；以被人轻视、被艺术鄙视的俗物为对象	1960～1970年	安迪・沃霍 Andy Warhol 基丝哈林 Keith Haring 罗依・利西腾斯坦 Roy Lichtenstein 大卫・霍可尼 DAVID HOCKNEY
后现代主义 Postmodernism	欧美各国	突破审美规范，打破艺术与生活的界限；主张多元，承认多中心并关注少数民族及边远地区艺术形式；从传统艺术、现代艺术的形态范畴转向了方法论，表达多种思维方式；是矛盾的集合体，多种价值互相纠葛	1965～	罗伯特・文丘里 Robert Venturi 埃托雷・索特萨斯 Ettore Sottsass
绿色设计 Green Design	欧美各国	着重考虑产品可拆卸性，可回收性、可维护性、可重复利用性等环境属性，并将其作为设计目标；在满足环境目标要求的同时，保证产品应有的功能、使用寿命、质量等要求	1970～	
解构主义 Deconstruction	欧美各国	提出反中心、反权威、反二元对抗、反非黑即白的理论；认为设计是恒变的、没有预定设计；设计是多元的、非同一化的，是破碎的、凌乱的、模糊的；是后现代时期设计探索形式之一	1980～	雅克・德里达 Jacques Derrida

工艺操作者。一个经过专业训练的人才，是在汲取前人和他人的精华之后，加上自己的才能和创造而成就的。很多前人的智慧和精华可以通过对设计历史和理论的学习而得到。设计专业的学生应该具备历史学、哲学、经济学、心理学等学科的相关知识，历史学是首当其冲的。在历史学的学习过程中，要学会如何学习事件史和通史，要能够连贯地看历史事件。也就是说，一个设计师、一件设计作品、一种设计思潮要放在整个历史背景下看。如果单纯地对某一件作品或某一种设计思潮进行分析和观看，就会忽略设计发展的核心和推动力。设计发展历史就会成为设计师个体发展的拼凑历史，各种设计思潮和设计风格的出现就成为了偶然的结果，失去设计发展的逻辑性和历史发展的必然性，最终陷入形式主义中，知其然而不知其所以然，陷入空洞的形式追求中。全世界大部

分著名大学设计专业的理论学习几乎都要占相当大的比例，设计史论的学习对于成为一个有思想的设计师非常重要。

由于本书不是专门讲述设计历史的，所以用非常概括的章节作一个讲述和引导，如果工业设计专业的学生看到这里，发现对工业设计历史方面知识有所欠缺的话，建议现在应该马上去看专门的设计史书籍，把这个知识点补充起来。

1.2 工业设计的概念与内容

工业设计是运用系统的程序和方法进行的一系列创新活动，它以满足人类不断发展的各类健康需求为目的，以人类生存的自然环境和谐平衡为原则。

1.2.1 工业设计的概念

辞海中解释，“设”指策划、布置、安排；“计”为主意、策略；“设计”是指按照任务的目的和要求，预先定出工作方案和计划。而我们通常讲，设计是人类为了实现某种特定的目的而进行的创造性活动，它包含一切人造物的过程。早在原始社会人类就已经开始从事原始的设计活动，在漫长的历史进程中，人们对实用和审美需求有所不同，因此设计的概念也在不断地发展和延伸。

工业设计是一个含义非常广泛的名词，在我们日常的工作和生活中，经常会遇到人们问：“哦，你学工业设计专业的，那么到底工业设计是做什么的？”有时候，我们突然会发现很难用一两句话来向人们解释清楚，到底我们工业设计是学什么、做什么的？仔细想想，发现生活中几乎我们所能接触到的所有东西：日常用品、工作器具、休闲娱乐产品……都可以划归为我们工业设计的范畴。

按照生产方式来区分，一般可以将最终使用的产品划归为两种：一种是以现代化大工业为前提的批量化机器生产的工业产品；一种是以手工单件制作为方法与价值所在的工艺美术产品。但人们对产品多元化的需求，导致了设计的多元化发展。机器批量生产的工业设计和单件手工艺美术设计的运用不再区分明确，很多工艺美术设计会运用现代材料与技术来实现产品的多样化和功能的创新，而工业设计也会采取较传统的材料与技术来达成一些特定需求。

所以可以说，工业设计所涉及的设计包含了现代社会的万事万物。工业设计所带来的物质成就及其对人类生存状态和生活方式的影响是过去任何时代都无法比拟的。

国际工业设计协会联合会（ICSID）在1980年巴黎年会上为工业

设计下的定义为：就批量生产的工业产品而言，凭借训练、技术知识、经验及视觉感受而赋予材料、结构、形态、色彩、表面加工及装饰以新的品质和资格，叫作工业设计。这个定义是基于产品导向的设计理念，把产品设计作为工业设计的核心。

而现代工业设计是以人为核心，把全球可持续发展作为考虑问题的出发点，其思考领域远远超出了前面所述的范围。2006年，国际工业设计联合会重新对工业设计进行定义：工业设计是一种创造性的活动，其目的是为物品、过程、服务以及它们在整个生命周期中构成的系统建立起多方面的品质；工业设计既是创新技术人性化的重要因素，也是经济文化交流的关键因素；工业设计致力于发现和评估如下几个层面在结构、组织、功能、表现和经济上的关系：

1.增强全球可持续发展和环境保护；

2.给全人类社会、个人和集体带来利益和自由；

3.最终用户、制造者和市场经营者；

4.在世界全球化的背景下支持文化的多样性；

5.赋予产品、服务和系统以表现性的形式并与它们的内涵相协调。

工业设计关注于由工业化所衍生的工具、组织和逻辑创造出来的产品、服务和系统，是一种包含了产品、服务、平面、室内和建筑在内的各项活动，这些活动和其他相关专业协调配合，最终目标是在提高人类生活价值的基础上与自然和谐共存。

1.2.2 工业设计的内容

如上对工业设计的概念定义所述，工业设计包含产品、服务、平面、室内和建筑在内的各项活动。现代工业设计专业的基础教学基本上一直沿用包豪斯现代设计教学体系，系统地学习了工业设计专业课程的学生，也应该拥有平面设计、室内设计，甚至建筑设计等专业的扎实的基础知识。

我们从包豪斯时代开始看，会发现很多工业设计先驱都是建筑设计专业毕业，由于社会对产品细分化的需求而慢慢地更加专注于产品设计，并最终成为著名的工业设计师的。有这样的说法，产品设计只是微观化了的建筑设计而已，一个产品设计师必须具备建筑设计师系统、整体、逻辑的设计思维和工作能力。所以说，我们所知道的国际著名工业设计师们都是大到能设计房子、飞机，小到能设计烟灰缸、汤匙的。

我国从20世纪80年代末创立工业设计专业，虽然有国外工业设计专业的先例，但具体情况不同还是导致有很长一段时间的迷茫和探索。随着设计所面对的问题日益复杂化和多样化、信息技术的飞速发展，新的设计观正在形成。中国的工业设计也逐渐达到了一定的水平，工业设计教育在自身摸索和向国内外同行学习的过程中积累了一套相对较合理而系统的体系。所以，对工业设计所研究的内容也就有了相对明确的范畴。

目前很多工业设计专业教学体系会细分成家具设计、玩具设计、汽车设计等方向，这些设计方向关注的是单件产品本身的设计和创新，而对以产品为载体的生活系统缺乏关注。因此，作者所在的中国美术学院工业设计专业教学团队在工业设计教学探索的过程中，从工业设计最本质的任务出发，研究人与生活，诸如：交流、康乐、休闲、移动、识别、行为乃至公共空间等要素，将工业设计分成“产品与居住”、“产品与休闲”、“产品与交流”、“产品与移动”四个专业方向，从事家具、旅游、康乐、信息通讯、电子电器、交通工具、生活日常用品等方面产品的改良与创新设计，以及相关领域项目的开发和资源整合设计，展开人的生活方式及其系统规划研究。

1.2.2.1　产品与居住专业方向

以家具、环境设施、空间规划、生活日常用品为主要行业载体，从事民用家具、厨具、灯具、卫浴产品、城市家具、办公用具、室内展品、生活日用品等方面产品的改良与创新设计，以及相关领域项目的开发和资源整合设计，展开人的居住生活方式及其系统规划研究。

1.2.2.2　产品与休闲专业方向

以旅游、娱乐、健康、生活艺术用品为主要行业载体，从事健身器材、医疗设备、旅游品、玩具、主题公园、动漫衍生产品、生活艺术品等方面产品的改良与创新设计，以及相关领域项目的开发和资源整合设计，展开人的休闲生活方式及其系统规划研究。

1.2.2.3　产品与交流专业方向

以信息通信、电子电器、自助设备、生活交互用品为主要行业载体，从事信息界面、无线遥控、公共信息设备、照相机、手机、电视机、数码、电脑、生活交互品等方面产品的改良与创新设计，以及相关领域项目的开发和资源整合设计，展开人的交流生活方式及其系统规划研究。

1.2.2.4　产品与移动专业方向

以交通工具、运输设施、体育设备、生活运动用品为主要行业载体，从事汽车、火车、游艇、仓储、货车、体育器材、残障辅助器械、童车、自行车、生活运动用品等方面产品的改良与创新设计，以及相关领域项目的开发和资源整合设计，展开人的移动生活方式及其系统规划研究。

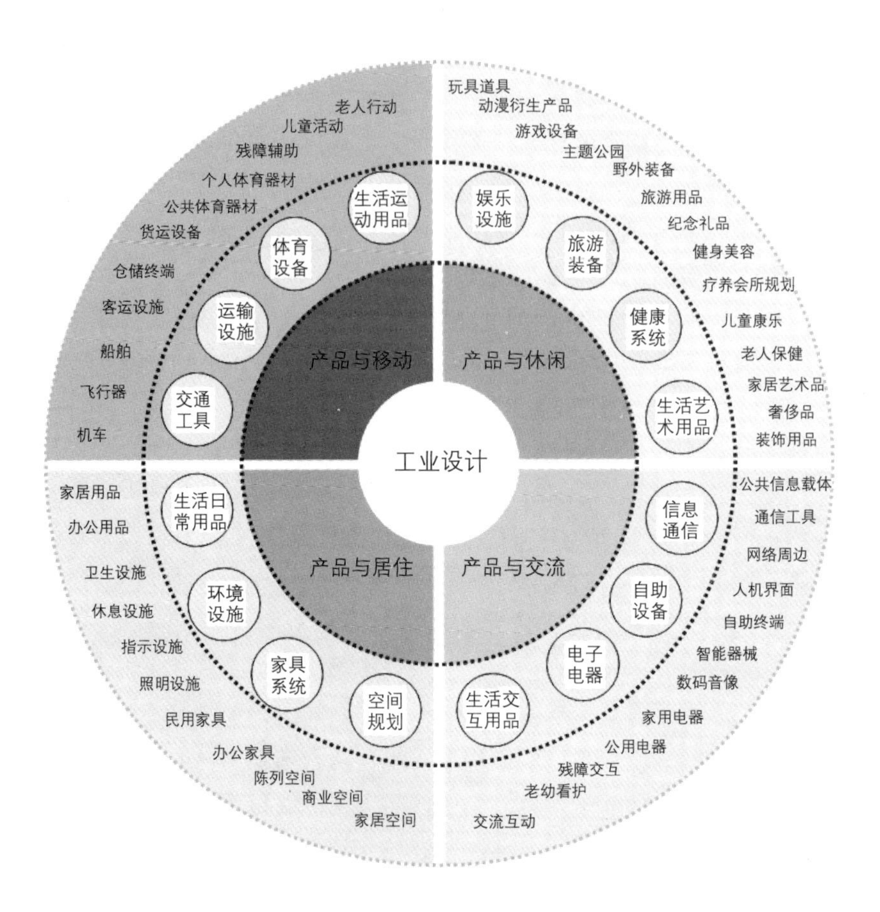

图1-1
工业设计专业研究方向和领域

专业研究方向和领域如图1-1所示。

我国的工业设计教育也正处在不断进步和完善之中，各大专院校都根据自身的师资力量、地域特色展开不同侧重点的专业教育建设。所以说，未来工业设计的专业教育在为中国培养具有国际视野、和谐胸怀、个性创新的新一代设计师的原则上，也将呈现“百家争鸣、百花齐放”的格局。

1.3　工业设计的特点

首先，工业设计作为工业社会的产物和发展工业社会的重要工具，究竟对我们人类、社会、整个地球生态环境起到什么作用？在社会、经济、文化甚至政治舞台中扮演什么样的角色？

工业设计作为全球可持续发展规划的领军力量、人类生活方式的开拓先驱、企业发展重要的决策因素，它已经成为这个社会发展越来越不可缺少的环节。随着经济全球化、科技发展的普及化，产品作为企业经营活动直接面对市场的成果。能否对消费者形成足够吸引力；能否让消费者体验到产品所带来的价值；能否不仅仅追求经济效益，而从更深远的可持续发展观念来规划和生产产品等问题越来越成为企业生存与发展的关键。工业设计无疑已经成为经济发展的重要手段；对于每一个国家和民族，工业设计也是传统文化传承发展的有效方法；对于整个地球，工业设计是人类和地球和谐共存的规划工具；而更具体的对于企业来说，工业设计在产品开发过程中与企业规划、设计创意、市场营销、工程技术等因素密切相关，是企业满足顾客需要、提供具有市场竞争力产品的有效方法。

总之，工业设计无处不在且举足轻重，作为工业设计师必须具备强烈的责任感——因为和全球可持续发展规划相关；和国家经济兴衰相关；和企业的存亡相关……

那么，什么样的设计才是符合人类发展需求、符合自然环境发展需求、符合企业发展需求、符合设计发展的规律?

在不同社会发展时期，人们对成功设计的认定有所不同。20世纪80年代的中国处在满足消费者日常需求状态，产品以简单廉价、满足基本使用功能需求为目的；20世纪90年代后期随着人们生活水平的不断提高，产品个性化需求剧增，于是产品个性化、更新快、新颖时尚等特征为成功产品的特征；在21世纪的今天，人们对于自身生存环境的关注、对于可持续发展设计战略的研究、对于贫困地区人们生活状态的关注等又成为一个很重要的工业设计焦点问题，设计形成一个多元发展的格局。因此，评价一个成功的工业设计也存在很多不同的角度。纯粹开发创意的设计竞赛、最终推向市场的实用商品、利用新材料新技术的实验性设计、为特殊地区、特殊人群而做的设计等，不同的设计目的导致具体的设计评价标准会有所不同。

比如从企业角度出发，盈利是企业存在的主要目的之一，因此企业评估产品设计开发成功的工作成效一般从产品质量、成本、开发时间、开发能力四个方面来衡量；而从纯粹的设计角度出发会更加注重用户界面质量、情感吸引力、维护和修理能力、资源利用、产品个性等方面的因素，来评估一件产品成功与否。美国工业设计协会颁发的Industrial Design Excellence Awards（IDEA）工业设计优秀奖的评价标准是：设计的创新性、对用户的价值、是否符合生态学原理、生产的环保性、适当的美观性和视觉上的吸引力。

【思考和练习题】

掌握近代工业设计史各种设计思潮的发生时期、倡导思想、代表人物和作品，分析这些设计思想背后的社会、经济和技术变革因素。

第二章　产品设计开发程序

【学习目的与要求】

本章讲述产品设计开发的概念、类型和一般程序。并且对每一个步骤展开到各个小节，进行详细的讲解。要求学生理解产品设计程序是进行设计的理论指导和实践指南，是针对设计阶段中出现的各个问题而制定的一系列步骤和措施。在具体设计项目中，不能生搬硬套，要根据具体情况具体分析，无论在设计方法和设计思路上都有所侧重和不同。本章的难点是在设计的每个阶段如何针对具体问题采取相应的设计方法，这需要经过长期的系统训练，才能结合实际课题、理论联系实际地进行具体问题具体分析和应用。

2.1　产品设计开发概述

2.1.1　产品设计开发的概念和类型

产品设计开发是指包括设计师、技术工程师、企业决策层等在内的群体在产品的市场机会捕捉、可行性方案运作、成本预算、技术支持、制造、生产、运输等方面进行的一系列创造性和实践性活动。

产品设计开发一般有两种情况：一是对市场已有的同类产品进行改良，称为改良型设计；另外就是从市场需求、使用者需求角度出发，采用新的技术、材料、工艺等设计开发出全新的产品，称为创新型设计。

2.1.1.1　产品改良设计

产品改良设计是指为使目前已存在的产品进一步满足市场的需求，经过市场评估、深入研发，在功能、技术、材料、结构、外形、界面等方面对其进行完善而做的设计。改良设计以提高产品的市场竞争力、完善消费者的使用需求和心理需求为目标，有针对性地在原有产品基础上进行完善设计，是企业进行市场运作最常见的设计活动之一。改良设计以原有的产品为参考对象，有比较充分的参考资料和市场信息，而且一般情况下设计目标也比较明确。产品改良设计的动力机制一般是需求拉动型，其流程大致为：市场需求——用户调研——数据分析——设计——用户测试——设计完善——重复从用户调研到设计完善的过程——成果输出。

1.产品改良设计的必要性

产品是有生命的，市场学给它定义为“产品生命周期”，简称“PLC”，指的是产品的市场寿命，即一种新产品从开始进入市场经历形成、成长、成熟、衰退到被市场淘汰的整个过程。这个周期在不同技术、不同经济水平的国家，发生的时间和过程是不一样的，存在一个较大的差距和时差。它反映了同一产品在不同国家、不同市场上的竞争地位差异。企业决策层在作市场和生产规划时会根据这些影响因素对每一阶段的产品开发内容和时间进行系统规划。

经济学家们把产品分成一般型产品、风格型产品、时尚型产品、热潮型产品和扇贝型产品等。一般型产品是指经历进入期、成长期、成熟期和衰退期四个阶段的产品。风格型产品是人们在长期稳定的生活中表现出来的一些有地域特征或生活习惯特征的形式。风格一旦产生可能会延续数代，人们对它的兴趣呈现出一种循环再循环、时而流行时而落伍的模式。时尚型产品是指在某一领域里，当前为大家所接受且受欢迎的风格。时尚型产品的生命周期特点是刚上市时很少有人接纳，随着时间推移接纳人数慢慢增长，终于被广泛接受，最后缓慢衰退，消费者开始将注意力转向另一种更吸引他们的时尚。热潮型产品是一种来势汹汹且很快就吸引大众注意的时尚，俗称“时髦”。热潮型产品在生命周期中往往快速成长又快速衰退，它只满足人类一时的好奇心，所吸引的只限于少数寻求刺激、标新立异的人，通常无法满足更强烈的需求。扇贝型产品生命周期因为产品创新或不时发现新的用途，而导致产品生命周期不断地延伸、再延伸。 上述五种类型产品的生命周期图如图2-1、图2-2所示。

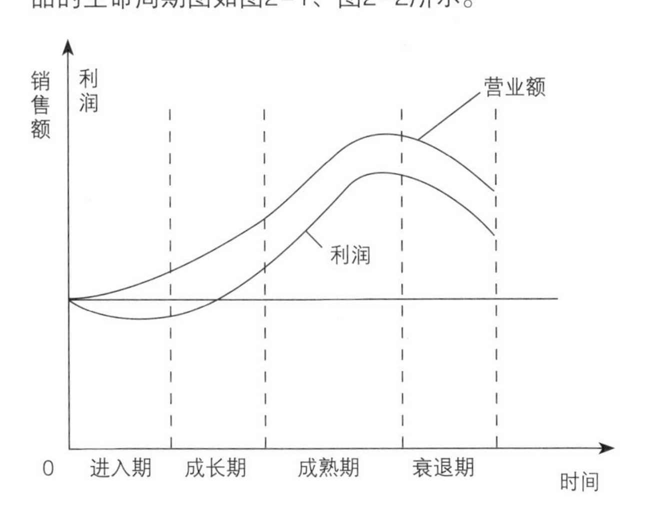

图2-1
一般产品生命周期图

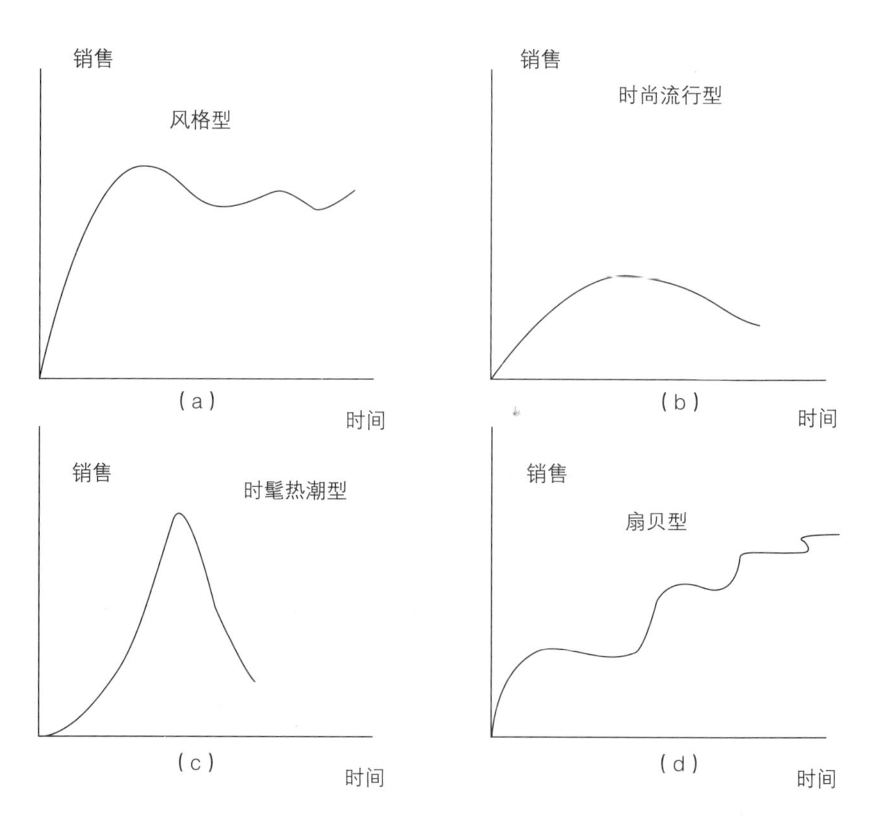

图2-2
特殊产品生命周期图

2.产品改良设计的内容

产品改良设计大致可以概括为功能改良、外观改良、人机交互改良、技术改良等几个方面。

(1)功能改良

产品的功能是指满足消费者使用需求和心理需求的特征，通俗地讲就是产品的用途。产品具有基本功能和辅助功能。基本功能是指产品用途必不可少的特征，它是产品的基本价值所在，也叫必要功能；辅助功能是指在基本功能以外附加的用途，比如电话的基本功能是通信，但为了适应消费者的需求，电话会附加诸如游戏、摄影、录音等辅助功能。随着人们生活方式的改变，社会群体的价值观、审美观也在发生着变化，对于一件产品的必要功能是什么、附加功能又是什么的理解会发生改变。

(2)外观改良

产品外观包括产品形态、色彩、材料等方面的因素。一般来说，产品在功能、技术、结构等方面的改良往往会受到制作工艺、生产成本等方面的制约，但是外观的改良有较大的发展空间。形态、色彩和材料是组成一件产品最重要的几项实体因素，不仅满足了用户的功能需求，也带给用户产品的质感、视觉冲击、使用情感等心理感受。面对激烈的市场竞争，外观改良是企业产品生产策略中很重要的一个内容。

（3）人机交互改良

人机交互的改良包含人机因素、界面完善和交互方式等方面的调整。人机交互的改良设计以用户为中心，研究人们的工作方式与机器设计的匹配问题，可以通过市场调研、用户反馈、机器分析等方法进行改良和完善，以满足使用者的操作习惯和使用心理。人机交互的改良是产品设计开发最重要，也是最难的工作之一。

（4）技术改良

技术改良包括核心技术的改进和更新，也包括在结构方面的合理优化改良。一般来说，这些技术更新都是在原有技术和结构基础之上的调整。有时候技术改良而产品外观设计保持不变，有时候会针对优化后的结构进行外观调整。在设计开发工作中，工业设计师和结构工程师、技术开发工程师组成的团队为了保证设计开发工作的顺利完成，始终作为一个团队整体工作。工业设计师不仅要了解所开发产品的相关技术支持，而且甚至要掌握和研究所开发产品的最优化结构问题。

2.1.1.2　产品创新设计

产品创新设计是在产品的工作原理、技术结构不明确的情况下，针对市场需求进行的一种具有前瞻性和创造性的探索性工作。产品创新设计可以分为实践性创新设计和概念性创新设计两类。实践性创新设计由企业或设计机构通过敏锐的观察力洞察市场的某种需求而展开，其最终设计开发的产品能够满足某一用户群体的需求；概念创新设计是指企业或设计机构根据当前以及未来科技、生活方式等因素的判断和预测提出概念，这些概念到真正投入生产还有一个相当长的技术转化过程，它是一种设计趋势的研究工作。

源于市场需求的产品创新设计开发，企业以市场需求为出发点，有较明确的产品技术研究方向，通过技术创新活动，能够创造出适合这一需求的适销产品。在现实的企业产品设计开发中，根据行业和企业的特点，将市场需求和企业的技术能力相匹配，寻求风险收益的最佳结合点。创新是企业生存和发展的氧气，只有不断创新，企业才能在竞争中处于主动地位，并立于不败之地。

产品创新开发一般有技术推动型、市场拉动型和风险研究型三种模式。而现实的产品创新开发的动力往往是技术推动型、市场拉动型和风险研究型几种模式交叉在一起的，开发团队在开发过程中应该眼光远大、兼顾八方，全面地考虑问题。

1.技术推动型

技术推动型是指企业或设计机构拥有一项新技术，由此寻找应用该技术的合适市场。由于材料和工艺的创新研发成果对产品使用特性和功能创新的可能性最大，因此许多成功的技术推动型产品都与材料和工艺技术有关。一般此类项目的开发是在技术指标比较明确的状态下，设计团队、市场营销、技术人员一起为这个技术寻找一个匹配的市场机遇。此类产品开发具有一定的冒险性，因此在产品开发过程中，可以通过考虑此新技术并非唯一技术支持的方法进行开发构思，得出多种方案的概念，最后证明采用此项新技术的概念优于其他备选概念，可以降低产品开发的风险。

2.市场拉动型

市场拉动型是指随着人们日常生活方式、生活理念、价值观念和审美观念的转变，在用户市场形成新的消费需求，根据这一信息反馈从而展开产品创新设计开发任务。市场拉动型产品开发往往有比较充分的消费者需求资料，也就是产品开发依据信息，只要开发团队作好充分的设计前期调查，明确市场需求，就能获得成功的产品开发。值得注意的是企业和设计团队应该具有可持续发展的长远目光，在开发产品时应该考虑环境保护、社会影响力、资源再利用等因素，不能一味为了追求利润而生产破坏环境、耗竭资源、对社会群体造成不良引导的产品。

3.风险研究型

风险研究型是指企业和设计机构洞察社会现象，为解决某些社会问题在前沿设计领域进行不以盈利为目的的研究性项目开发，这样的项目有些是可实施生产的，有些是一种设计研究，在当前的技术水平下是不能实施生产的。目前像欧洲、美国、日本等设计发达国家和地区的企业、设计机构、设计院校都已经投入了很多力量从事这方面的设计研究。

2.1.2 产品设计开发一般程序

掌握正确的方法和流程可以事半功倍，设计也是一样。从一个大的设计流程来说，无论是改良设计，还是创新设计，都是从发现问题、寻找机会缺口开始，进行分析问题、理解机会缺口，到最后解决问题并实现机会的。所以，传统的“发现问题、分析问题、解决问题达成目标”三部曲是比较能够说明问题的。但是仅凭这三句口号是没有用的，仔细想想，似乎做每一件事情都可以用这三部曲来概括。所以，我们从设计这件事情出发，看看怎样把这三部曲走好。

首先，面对同样的事情，每一个人的视角会有所不同，从而发现的问题会有很大的差别；其次，因为个体的价值观不同、受教育背景不同、所处区域不同等因素会导致分析问题的角度、深度和宽度也不尽相同；最后，由于理解差异、知识面差异、能力因素差异而导致解决问题的方式也截然不同。所以说，从同样的现象之中可以发现不同的问题，同样的问题解决方式也不同。要成为一个优秀的设计师，首先必须要有敏锐的洞察力，其次要有全面而独到的分析能力，最后要掌握纵观全局、切中要害的解决问题能力。这些能力是可以通过后天的训练提高的。优秀的设计团队能够发现大量的问题、发现别人看不到的问题；优秀的设计团队在分析问题时能够看到问题的本质，揭示出真正需要解决的是什么问题；优秀的设计团队在解决问题时能够站在用户的角度去分析用什么方法来解决问题，考虑有没有更好的办法去解决问题。

2.1.2.1　发现问题阶段

怎样去发现问题？从什么角度去发现问题？怎样发现有用的问题？

如上面已经讲述，面对同样的一件事情，不同的人因为看问题的角度、方式不同，所以发现的问题是不一样的。比如我们说“今天我看见了一件很感人的事情”，在这句话里，每一个人体会的内容是不同的，因为这是说者在生理和心理层面的描述，虽然“看”同样的事，但“见”是不一样的。“看”是指感官上对事物的摄入过程，是生理上的一种能力，但凡存在视力的人都具备这个能力；而“见”是更深层次的，是对事物的理解过程、是一种思维能力、一种经过了分析的“见解”。思维能力的一个重要方面，就是从多角度观察和思考问题的能力。正是由于思维能力的差别，才导致在同样的条件下人们思维方式、思维结果的不同。任何一种事物，从不同的角度看，发现是不同的。任何一个问题，从不同的角度思考，得出的认识也会不同。如果想深入了解一种事物，就要从不同角度观察；如果想更好地解决一个问题，也要从不同的角度思考。牛顿和无数的人都看到了苹果落地，为什么只有牛顿能从中发现万有引力？区别也许就在于牛顿看到苹果落地时，换了个角度看问题：为什么苹果不往上落？角度一换，牛顿所“见”的就与其他人完全不同。如果人只会从单一角度观察、思考问题，得出的认识是片面的，解决问题的方法是单一的。从多个角度观察事物、思考问题，就会得到更深刻、全面的认识，解决问题的办法也更加灵活、完善。

因此，现在开始，要开始有意识地进行思维能力训练，无论是生活、工作、学习，甚至感情方面的问题，我们都试着换不同的角度去看、去思考，你会发现问题变得更加有趣或者更加简单。有些人天生这方面意识比较强，而有些人需要经过有意识训练，才能养成这样的立体思维习惯，去发现日常生活中亟待解决的问题、发现全人类全地

图2-3　水锥

图2-4　水锥的使用图（1）

图2-5　水锥的使用图（2）

球共同关注的问题、发现人类另外90%目前未曾享受过设计服务的弱势群体和贫困地区人群的问题、发现现有产品的不足……

除了养成良好的思维习惯，一个有心的优秀设计师还会有很多好习惯帮助发现问题，比如在平时多关注社会新闻和社会现象，随时记录看到、想到的问题，记录生活中所遇到的各类产品使用问题。大家可能都看到过同时获得过IDEA、IF、Good Design等多项设计大奖的Watercone水锥的设计。它是设计师斯蒂芬·奥古斯丁在一次旅行时发现南太平洋、撒哈拉沙漠以南非洲、中东等这些地方清洁的淡水资源不足的情况，于是他记录下这个信息。再后来，他发现这些地区大都经济不发达，一般海水脱盐的方法复杂且需要不断的技术维护和支持，很难普及推广，于是他将这一产品机会缺口定位，并且创新开发出一种生产成本低、使用简单、能够适应不同恶劣环境、以太阳能为基础的清洁水资源获取工具。经过几次的反复推敲，最后设计出了Watercone水锥，如图2-3～图2-6所示，获得了极大成功。关于Watercone设计的细节可以参看网址：http：//www.watercone.com。

看到这里，请大家从今天开始，准备一个可以随身携带的小本子和笔，随时记录发现的素材，相信一定会有很大收获。

上面讲述的是一种发现、搜集问题的方法。那么在遇到一些指定设计项目时，我们通常会通过大量设计调查的方法针对项目展开发现、搜集问题的工作。而一旦发现了一个或者多个问题后，就要展开分析问题的工作。

2.1.2.2　分析问题阶段

怎样去分析问题？从什么角度去分析问题？

经过各种方法发现了问题之后，就要针对这一个或一些问题展开分析。怎样分析问题非常关键，因为只有分析到问题的本质所在，才能知道解决问题最有效的方法。分析问题也是有它自己一套方法学的，常见的称“5W1H”法、纵向比较法和横向比较法、实验分析法、思维导图法等。

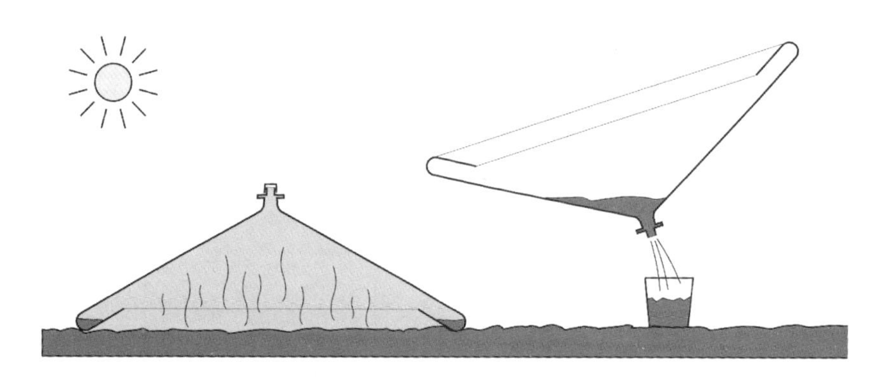
图2-6　水锥的使用图（3）

在日常生活中大家也经常要分析问题，每一个人分析问题的能力也是不同的。记得有一次看新闻评论，评论员逻辑缜密、字字铿锵有力，一个朋友发出感叹说：为什么这些评论家的论述都那么精辟，自己怎么就不能够类似这样去分析问题，他们是不是天生就是脑瓜子特别好用？其实不是，这种分析问题的能力训练，也是可以通过增加个人知识面、加深个人生活体验、拓宽信息反馈面等方面来提高的。

问题分析阶段是一个漏斗筛选、逐步进行的过程，也就是从一个大问题首先分析出几个大方面，然后再筛选出重要的次问题并展开进一步的分析。比如针对“人们不自觉排队”的问题展开分析。第一次分析的结果可以分成几个大方面：中国人的文化生活习惯问题、公共场所设施设计问题、公共管理措施问题等。针对这几个层面，又可以展开进一步的分析。这种分析问题的方法逻辑性强、思路清晰而且见效快，可以用思维导图展开。而且这样的方法对于寻找到有效的解决方法也是一个很好的前奏工作。

把问题逐一按主次关系分析理解清楚之后，接下来就可以有目的地解决问题了。

2.1.2.3　解决问题、实现目标阶段

用什么样的方法和手段来解决问题?

一般在分析问题阶段的最后，我们会有非常清晰的描述性文字来表达我们希望解决的方向和目标，这个描述一般不牵涉具体的解决方式。因为每一个人的解决方法都可能是不一样的，我们解决问题的方法可以是“条条大路通罗马”的。比如发现“肚子饿”的问题，我们分析出“需要一种可以填饱肚子、有利于身体健康发育的食物”来解决这个问题，这样的描述由于没有限定什么方式和具体内容，所以你可以选择吃中餐或者吃西餐这样不同的方式，也可以选择吃荤的或是吃素的这样不同的内容。比如从上述“人们不自觉排队”问题分析出中国人的文化生活习惯问题、公共场所设施设计问题、公共管理措施问题三大根源后，可以逐个展开解决，无论是可实现的或不可实现的。这种方法也便于对解决手段进行选择，比如文化习惯和公共管理措施等问题都是在短时间内通过设计的力量无法改变的，所以从我们的设计角度出发，就可以针对公共场所设施设计问题提出很多得以实现的方案来解决。

解决问题阶段也有很多方法，比如思维导图法、脑力激荡法、模型试验法等。在这一阶段后期表现能力开始凸显其重要性，因为一段文字描述性的解决方案最终要转化为具体的形象，必须有较强的绘画表现能力或者模型制作能力，通过这些手段将个人心中不同的解决工具描述下来，供大家评估以进行下一步的工作。

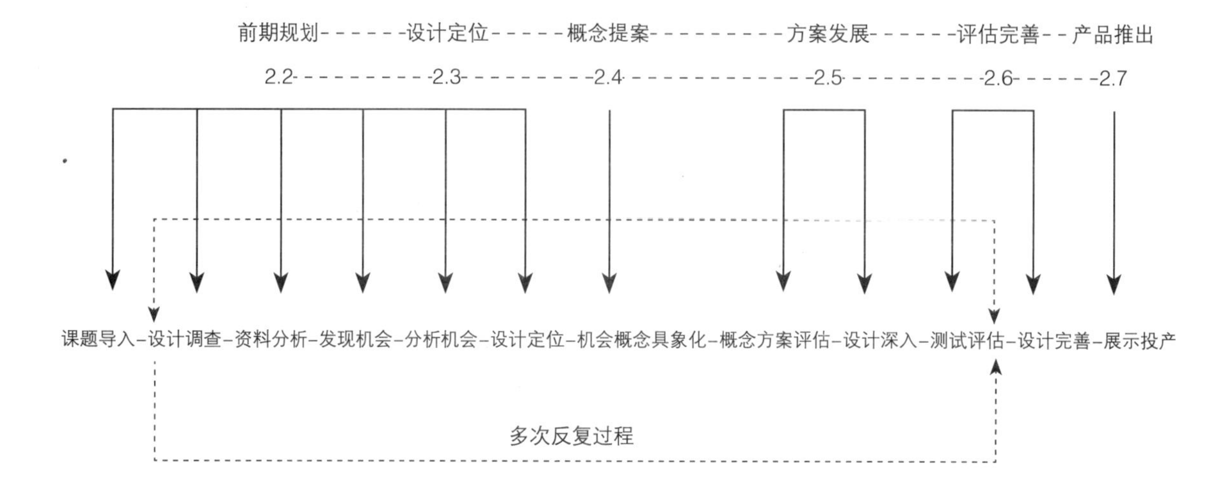

图2–7
本章各个小节内容的展开示意

通常我们把“发现问题、分析问题和解决问题达成目标”分解成前期规划——设计定位——概念提案——方案发展——评估完善——产品推出六个步骤，在具体的设计实践中可以分解成更细的步骤如：课题导入——设计调查——资料分析——发现机会——分析机会——设计定位——机会概念具象化——概念方案评估——设计深入——测试评估——设计完善——展示投产。这些设计程序和步骤在实际工作中并非像图、表、画那样有清晰的界限，它们往往有很大的交融性，很多步骤是多次反复的过程。

本章中各个小节的内容按照这些步骤如图2–7所示展开具体的讲述。

2.2 产品设计开发前期规划

产品设计开发前期规划是发生在项目正式批准、运用实质性资源、更大的开发团队组建之前，对未来某个时间段内可能进行的项目开发内容进行规划的系列活动，是在产品开发项目方面获得更广阔策略的前瞻性活动。

这里值得注意的是，一定要对产品设计开发前期规划这个步骤加以强调和重视，因为在学生平时的课程训练或者一些设计竞赛时，项目比较单纯，往往单刀直入很快就能发现一些问题，并且分析出一些解决问题的有效措施，而快速进入设计问题解决阶段，所以往往会忽略前期规划这个步骤，久而久之养成忽略掉前期规划这个设计习惯。但是，这个步骤非常重要，尤其越到后期成为专业的设计师，就越会发现这个阶段无论对于设计团队，还是对于企业都特别关键。一位做了近20年产品设计的资深设计师，在得知我在写这本教材的时候，再三叮嘱说，要把前期规划阶段的篇幅加重加强，让学生意识到这一步骤的重要性，并在学习阶段就养成对这一设计步骤的习惯性思维。

2.2.1 产品设计开发前期规划的目的

1.制定产品生产、上市和销售的运作计划和时间表，有利于企业形成良好的市场竞争优势和保证长远的可持续发展；

2.为设计团队拟定一定时期内的产品开发计划和时间安排，有利于团队在设计人员安排、技术支持跟进、材料更新、生产能力调配等方面进行更为合理的全局统筹安排；

3.对开发的项目从生态需求、社会可持续发展需求和用户需求三个方面进行设计调查，明确项目开发的意义、目标和预期结果。

2.2.2 产品设计开发前期规划的意义

产品设计开发前期规划是企业或者设计团队的一个重要战略，它着眼于整体性、未来性、竞争性的考虑，将企业运作战略贯彻在产品开发战略上，真正实现产品开发整体策略。产品设计开发前期规划是指对一定时期内各类市场目标、从事的项目组合、整体项目的时间跨度、每一个子项目预推出时间以及各子项目之间的关联等活动。产品规划过程通过整合企业管理、市场、技术、研发设计、财务等部门的意见，对企业的产品战略、产品平台、产品标准作出准确的定位，从而确保企业的市场地位及长期的发展战略，最后保证最符合市场需求的产品在恰当的时间成功推向市场。产品设计开发前期规划团队由管理、市场、设计、销售、研发等部门组成，是保障公司正确决策的企业核心团队。先有产品规划，后有项目实施。只有产品设计开发前期规划正确了，产品开发团队才能开发设计出正确的好产品；产品设计开发前期规划错误了，产品开发团队的工作将是无用功。产品设计开发前期规划就像高级将领进行作战战略部署，有了好的整体策略，团队才有可能攻克一个又一个堡垒，最后获得全盘胜利。在市场竞争激烈、客户需求多变的时代，制订正确的路线和方针的战略部署尤为重要，而且团队也应该意识到战略部署的难度远远大于具体实施，也就是说产品设计开发前期规划的难度是大于产品具体开发的。

不经过产品设计开发前期规划，可能会出现一些问题，比如需求把握不准、企业开发的产品没有市场、设计没有很好的切入点、对所设计产品的定义等问题模糊而导致后期频繁更改影响正常设计时间；对材料、采购、制造等方面的因素考虑不够而导致后期生产成本难以降低；技术达不到设计要求；生产工艺或者材料出现问题等，最终影响整个产品开发的进度，导致产品开发设计失败。

2.2.3 产品设计开发前期规划内容

其实简单地说，产品设计开发前期规划的内容也就是对产品设计开发的“5W2H”有一个初步的规划：

WHY——为什么？为什么要这么做？理由何在？原因是什么？

WHAT——是什么？目的是什么？做什么工作？

WHO——谁？由谁来承担？谁来完成？谁负责？

WHEN——何时？什么时间完成？什么时机最适宜？

WHERE——何处？在哪里做？从哪里入手？

HOW——怎么做？如何提高效率？如何实施？方法怎样？

HOW MUCH——多少？做到什么程度？数量如何？质量水平如何？费用产出如何？

从企业角度来讲，产品设计开发前期规划还具体包括：在未来一定时期内，将有什么项目组的开发计划；项目组内各子项目的各自技术特色以及相互之间的关系如何；项目组总日程安排以及各子项目推出时间和顺序安排；制造和服务的目标及限制条件；项目的财务预算；有效组织来自市场、客户、研发机构、同行的各种产品开发机遇；整体项目的目标、能力、约束和竞争环境等。

2.2.4 产品设计开发前期规划步骤

产品设计开发前期规划从寻找机会缺口到最后确定机会缺口，明确设计任务和目标大致可以分成五个步骤。

2.2.4.1 寻找产品机会

产品设计开发前期规划从寻找产品机会开始，首先是以营销人员、研发部门、开发团队、制造商、客户、供应商、商业伙伴等为信息来源，被动接受或主动搜集各类信息，将这些信息用简练的语句描述出来，建立信息数据库。这些数据库中的信息，就是一个个的产品机会。一般开发团队在一年中可以收集到几百个甚至几千个这样的产品机会，这是一个发散性思维的过程。

2.2.4.2 机会评估和选择

这些大量的机会经过开发团队整理、提炼、扩展、挖掘、分析等一系列的收敛思维工作，最后就像筛漏一样从繁多的机会中筛选出几个有价值的、符合需求的机会缺口。这个步骤可以通过结合企业的竞争策略、对客户进行合理市场划分、规划长期技术路线、建立产品平台系统和评估新产品机遇几个方法来对机会进行评估和排列优先级。

2.2.4.3 资源分配和时间安排

一个项目的设计开发是耗费巨大人力和财力的任务，因此很多企业不可能一次性投入很多资本。项目规划团队必须合理地安排好资源和时间分配计划，一般来说都是在短时间内制定最有希望的项目计划。在保证产品质量的前提下尽可能早上市，把握好各子产品链之间的衔接节奏。产品有节奏上市的顺序决定了使用者先购买了低端产品，然后当改进产品推出时再购买改进产品；产品链上各子产品相继发布频率太快客户消费能力跟不上，会影响到这些希望不断购买更新产品的客户的积极性；但是产品更新太慢又会落后于其他竞争对手企业。

2.2.4.4　项目任务书

在产品设计开发前期规划工作进行到这里的时候，项目开发团队应该制订一份项目任务书，任务书包括对产品机会的描述、任务目标、时间计划、市场目标、可能性和约束、参与人员等。

2.2.4.5　反思评估

在产品设计开发前期规划过程的最后，团队应该通过一些评估来验证此规划的正确性和合理性，比如：此规划是否和企业的发展策略相一致？规划是否包含了企业和市场所面临的最显著的产品机遇？整个规划团队是否达到了协调？任务书的各种条件是否真实合理？接受任务书的开发团队是否有一定的开发自由空间？

在产品前期规划过程中，会用到很多方法，其中设计调查是一种必不可少的方法和手段。设计调查是一种包含了很多内容的系统设计方法，对于设计专业的学生来讲非常重要，在第三章中有专门的一节进行讲述。

2.3　产品设计开发设计定位

2.3.1　寻找和识别机会缺口

前面我们讲了产品设计开发前期规划视项目的复杂程度而工作量不同，首先要通过各种手段寻找机会缺口，然后对大量的机会缺口进行合理有效的筛选评估，直至最后确定一个可以继续发展下去的机会缺口。

产品设计开发的首要任务就是识别产品机会缺口。当市场上的产品和消费者需求之间出现脱节时，就有了产品机会缺口。有时候消费者本身也没有意识到这个需求，但是经过开发团队设计出的产品被用户认可为确实有用、好用并希望拥有的产品时，其实就是成功地填补了一个产品机会缺口。产品机会缺口在哪里？我们可以从报纸、新闻、杂志、社会现象、与人的交谈中、在使用产品的过程中、在市场上……找到无数的产品机会。对于改良型产品来说，可以通过对原产品的生产企业调查、市场销售情况调查、使用者调查、销售商调查、同类产品调查等方法，寻找此类产品的可改良机会；创新型产品可以通过社会现象调查、社会群体价值理念调查、生活方式调查、新技术发展调查、社会经济发展状况调查等一系列的因素来获得尽可能多的产品机会，发掘出来的机会越多，设计团队就有越多的选择点，就越容易找到可获得成功的机会缺口。

寻找和识别产品机会缺口可以按照下列几个步骤展开。

2.3.1.1　明确任务

明确这个阶段的工作任务是尽可能获得最大量的产品机会缺口，并选择最合适的产品机会缺口；明确产品的潜在用户；产品机会缺口要用简单的文字语言进行描述；可以用设计调查方法、S.E.T.因素分析法、头脑风暴法、思维导图法、草模、筛选矩征图、情境分析法等方法进行；要注意团队成员之间的合作、团队成员对其他学科领域的偏见导致忽视其他有价值的信息、问题本身还不成熟的时候就过于纠缠细节引起的一些问题。

2.3.1.2　搜集机会

在前面的章节我们提到产品的机会来自于很多渠道，可能来自于市场竞争的结果、可能来自于一种社会现象的启发、可能是企业发展规划的一个既定目标。作为设计团队除了被动地接收这些机会信息之外，还要通过访谈、观察等设计调查的诸多方法，通过头脑风暴提出日常生活中遇到的机会问题，通过S.E.T.因素分析来获取更多的产品机会。

2.3.1.3　机会筛选

这些上百甚至上千个机会并不是团队最后都需要的结果，所以要经过几个轮回的筛选。第一轮海选以日常知识、团队对实现机会所需要资源的了解、机会能够最终生产的可能性、整个团队对机遇的认可程度等为选择标准。要明确筛选的目的不是因为机会的可行性受到质疑，而是根据团队预期要开发产品主题的界限和范围。通过最初的筛选把产品机遇的数量减少到10个以内，然后将机遇分散给团队成员，对这些机遇再经过一次专家访谈、市场调研等工作，明确这些机遇最终的可能性和目标市场的机会，尽可能寻求相关行业专家的帮助，获取尽可能多的专业知识，从而判断出对于企业或设计团队来说最有潜能的产品机会是哪一个。本环节可以用矩阵筛选图等方法展开。

在这个阶段，团队的成员应该注意的是在细化筛选机会的时候最好采取交叉工作方式，也就是说最初提出机会的成员并不一定是继续探索机会可行性的人选，团队成员不带任何偏见地分享和发表观点，对于其他成员的意见不带任何学科偏见。这样有利于整个团队的创造力和能源得到最充分的发挥。

到目前为止，无论是设计项目的复杂程度如何、设计内容是什么，设计团队已经非常清晰地描述出问题是什么，也就是产品机会缺口是什么。

2.3.2 分析和理解产品机会缺口

确定了产品机会缺口并有了一个对产品机会缺口的文字描述之后就进入到下一步的设计工作，那就是再次针对这个机会缺口进行深入的设计调查工作，通过对用户行为特征的分析、用户对产品的功能需求分析、用户的价值观和审美标准分析、用户的习惯喜好分析和对用户的生活方式分析等，来进一步理解这个机会缺口，为弥补这个产品机会缺口搜集大量的可操作设计依据。

分析和理解产品机会缺口可以按照下列各步骤展开。

2.3.2.1 明确任务

明确这个阶段的任务是通过设计调查方法理解和分析产品机会缺口，把产品机会缺口形成更加清晰的产品价值机遇，再把价值机遇描述成体现产品特质的故事；明确目标市场、对用户有了更加深入的了解、产品的一些特征慢慢清晰、通过一系列的分析已经慢慢地形成了一些产品概念、进一步展开有更多细节的情境故事描述；继续进行用户调查、任务分析法、草模、情境故事法、人机工程学等方法真正挖掘出产品机会缺口的本质问题。

2.3.2.2 展开设计调查

对目标用户需求、价值观、个人兴趣、生活方式审美观念、行为特性、操作使用特性、感知和认知特性进行分析，目的是发现产品面向的用户群体对于产品的功能需求和心理需求。只有获得这些用户信息资料，才能进一步理解真正能够弥补产品机会缺口的因素。

2.3.2.3 情境故事描述

确定产品机会缺口时我们有一个对于产品机会缺口的简短描述，还不知道产品具体是什么样子、怎样进行去操作。在理解和分析产品机会缺口阶段展开了面向用户群体的设计调查和任务分析，并且利用生活方式参照、人机因素分析等方法，根据这些分析的结果我们可以对一些用户细节、产品使用环境、产品使用背景等，甚至典型使用者家庭背景、工作环境、具体操作以及引起的相关问题、与其相关的用户信息等问题都有更深入的了解。设计团队目前为止也已经非常清楚所需要解决的问题是什么，所以可以用情境故事法来对目标产品进行描述，故事中清楚描述下面六项内容：

1.目标用户：产品给谁用?
2.用户需求：产品干什么用的?
3.使用时间：产品在什么时候用?
4.使用原因：人们为什么要用它?
5.使用环境：在哪里使用?
6.使用状况：怎么用?

这里要注意的是对于问题或者对缺口的描述必须是清晰、明确的，不要使用一些空泛的、抽象的词汇，也就是上面六点内容的答案很重要。故事描述基本上已经比较清晰地描述出预期产品的功能特征、形态语言、使用方式等元素。

2.3.3 产品设计开发设计定位

前面进行的大量工作是为了设计团队能够最好地理解产品缺口，对所开发产品存在的机会进行挖掘和验证，到最后形成一个用文字描述的待开发产品的设计定位。这个设计定位的文字描述很重要，描述得过于概括不利于设计团队下一步具象概念的发展，描述得太精确又会限制设计团队的思维。有一些成功的设计案例，比如星巴克是服务性公司为顾客提供最佳体验的全球经典案例，它经过前期大量的调研分析后对于公司发展是这样描述机会缺口的："在以咖啡为中心的舒适环境中的社会交往"；OXO公司在开发GoodGrips削皮刀时的产品机会缺口描述为："抓握舒适不易脱落的有吸引力的削皮刀"。这样的文字描述包含了目标产品的主要特征，但是没有对具体的实现手段进行描述，便于设计团队针对目标定位对各种不同实现方式和手段的概念方案进行扩展。

2.4 产品设计开发概念提案

前面对产品机会缺口进行了分析和理解之后形成了待开发产品较明确的设计定位和描述，接下来的任务就是将这些文字描述的设计定位转化成各种具象形态的产品概念。这个时候动手能力得到了体现，要能够准确明白地将心中对于产品机会缺口的文字描述用图像的方式表达出来，这需要画大量的草图。当然有许多制作能力非常强的同学可以用模型的方法来表达，也可以用草图和模型的形式结合起来表达，最终的目标是完全将设计定位的构思表达清楚，并且能够让其他人清晰地理解，甚至可以用来进行一些初步的测试评估。第一批草图或者草模构思可以在设计团队内部进行评估，也可以将前期草图、模型带给客户或者用户，根据反馈信息对方案进行完善和修改。这样反复的工作最少要有3～5次，可以采用任何表现方式，一直到表达清晰的产品形态语义、功能特征、材料和技术的初步方案得到整个团队的认可。

值得注意的是这个阶段的工作刚开始落实到具体的表现阶段，也就是把想法画出来，但是必须要清楚，你所表达出来的这些形态都是根据前期调查对产品功能、产品使用环境、产品针对的使用人群、产品要表达的情感语义而来。很多学生一直认为设计师就是从这个步骤开始工作的，比如有人叫他设计一个MP3，他拍拍脑瓜子画了扇形的MP3，或者画了把伞的形态，并且很自豪地说我的灵感来自于扇子，想用东方元素来表达传统文化底蕴。其实这是一种很荒唐幼稚的说法。真正的设计是在前期作了大量的设计调查之后，分析了目标用户群体的审美观念、价值观念，分析了这些用户是在什么样的文化环境下，对什么样的文化感兴趣等这些素材之后，才选择一些能够打动这些用户的形态元素进行表达。绘画只是表达思想的工具，所以，对于设计师来说不论是手绘、计算机绘图，还是模型表达都是一样的，它的最终目的只是为了体现设计师对产品的理解。这也为工业设计专业低年级同学解除了到底是手绘好还是计算机绘图好的困惑。所有的方式都是一种表现工具而已，根据设计师自己的个人喜好和特长以及是否容易进行评价和修改为原则进行选择。当然每一种工具有它的优、缺点，比如手绘速度快、构思多；计算机可以模拟空间和工作环境，而且修改方便；模型最直观。西方的设计师就比较擅长进行模型制作，而我国的学生比较擅长手绘和计算机绘图。最好的方式是几种表达方式在不同阶段进行应用。我们可以有目的地进行各种方式的训练，做到全面能力的提升，最重要的是培养设计师自己的思想。

2.4.1 如何具象化概念

在课程中经常遇到学生问："怎样把文字描述转化成具象的图像呢？"确实，这不仅仅是表现能力问题，还是一种把抽象感觉转变成具象图形的能力，也是需要经过长期训练的能力。学生一方面可以通过参考其他相似语义的图片来进行辅助思考，另一方面平时要多看书积累、看展览、参加各类竞赛等，目的是开阔视野，提高眼界。在平时课堂训练中我们会采用思维导图或者头脑风暴的方法。比如GoodGrips削皮刀的产品定位为："抓握舒适不易脱落的有吸引力的削皮刀"，抓住几个关键词"抓握舒适"、"不易脱落"、"有吸引力"展开思维扩展，尽可能多地搜集和关键词相关的图片和资料，比如在大家印象中"抓握舒适"的设计有哪些，或者认为抓握舒适的会是怎样的形态，把这些资料图片贴起来或者画下来。这种方法对于初期方案的形成有一定拓展思维的帮助。

当然，这个过程最重要的还是设计师一定要增加个人的阅历，对于一些词汇描述在脑海中有大量的相关具象化形象存储。不同阅历和经验的人对于同一个词汇反映出的具象形象是不同的，比如我们日常生活中说到“蓝色的”，有的人脑海里会出现“大海”，有的人会联想到“天空”，而有的人脑海里却会是“黑人的蓝调音乐”。这样设计就做得非常有意思，不同文化背景、不同设计阅历的设计师会有截然不同的、也许都非常能够体现设计定位的设计产生。

还有就是大量草模试验也是具象化概念的一种直接有效的方法。比如针对“抓握舒适”、“不易脱落”这些定位，首先确定这是一个手能把握的尺寸，那么就可以制作大量的草模，通过抓握试验进行不断地修改，直到最后会出现一个之前未知的、非常舒适的形态。

2.4.2 表现方式

在产品设计开发概念提案这个过程中，一般用草图或草模来表现设计定位。

2.4.2.1 草图表现方式

在课程中经常遇到有些学生在提交草图时交上一张皱巴巴的纸，上面有几个随意勾勒的小图，并认为草图就是很潦草的图，这是对草图的严重误解。其实草图是对产品概念的大致形态、功能、某些特殊结构、一些细节，甚至色彩都有比较明确交代的手绘图，随意勾勒的一些零散的碎片只能作为草图前一阶段的构思搜集过程，草图最大的优势就是可以在短时间内把设计师的创意迅速体现出来。草图的目标是能够让设计团队的其他成员、非设计专业的客户甚至一般的消费者用户能够看明白产品将会是什么样子、大概会怎样工作等，如图2–8、图2–9所示为较完整的设计草图。

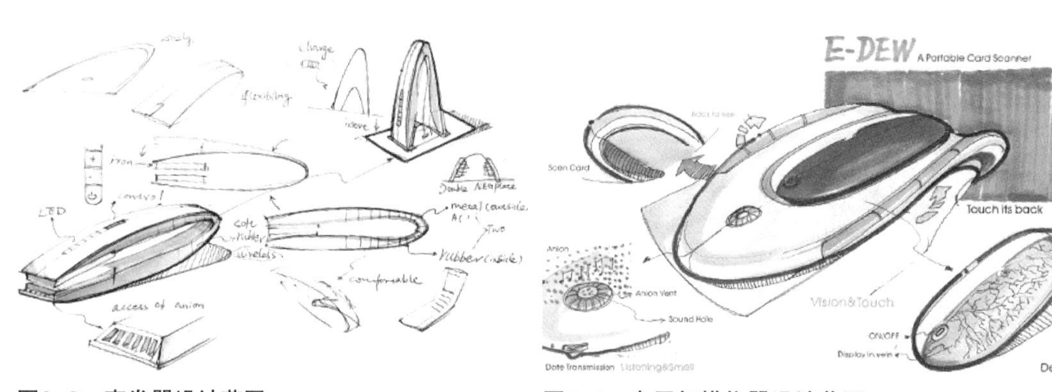

图2–8 直发器设计草图

图2–9 电子扫描仪器设计草图

2.4.2.2　草模表现方式

草模制作是工业设计专业非常有用的设计工具之一，在国外工业设计专业的学生和老师都非常乐衷于草模制作，草模有几个特点是草图达不到的，比如草模不仅可以用最直观的方式表现概念构思的形态，还可以对产品的体量进行感觉和体验。所以在很多情况下，通常是草图和草模一起进行来完成前期的方案构思。制作草模的材料有很多，可以根据具体产品的大小、形态、复杂程度不同进行选择。我们在平时的练习中可以选择硬纸板、聚氨酯泡沫、KT板或者发泡泡沫这些容易购买、价格便宜而且成型能力较好的材料。如图2-10、图2-11所示为一款剃须刀产品的草模，根据设计师的构思，切削出多个模型，从形态、使用方式、体量、人机工学等角度去进行评价，以便得出改进的各项提议。这是在设计构思初期的一种草模，用于对产品大致体量、形态的衡量。

图2-12是烤面包炉的草模，是设计进行到一定阶段基本上确定了几种概念方案后，在一些按钮、操作手柄等方面都已经有了发展的情况下，制作得比较精致的草模，主要还是从体量测试、操作方式模拟测试、形态测试等几个方面来进行评估筛选。

另外一些比较大件的产品为了对设计方案的体量、界面等进行测试，用KT板和一般泡沫制作不失为一种既方便快捷又经济实惠，而且很能达到评价效果的草模。如图2-13、图2-14所示分别为自助取款机、工作台的等比体量模。

草图和草模是设计师需要掌握的最基本的技能之一，因此，不要放弃在二年级进行的手绘表现的训练，另外要培养热爱动手的习惯。由于中国式教育的一些特点，一部分孩子从小没有动手的习惯，但是选择了工业设计专业就要有意识地培养起来，无论做什么设计、无论用什么材料，自己动起手来把脑子里的创意表现出来，这对于今后成为一名专业的优秀设计师很有帮助。

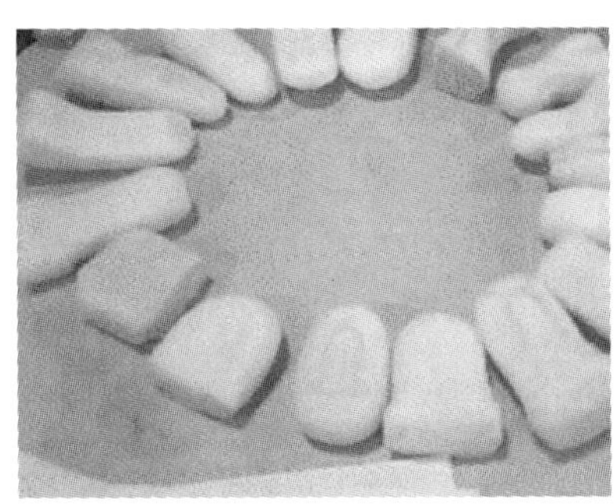
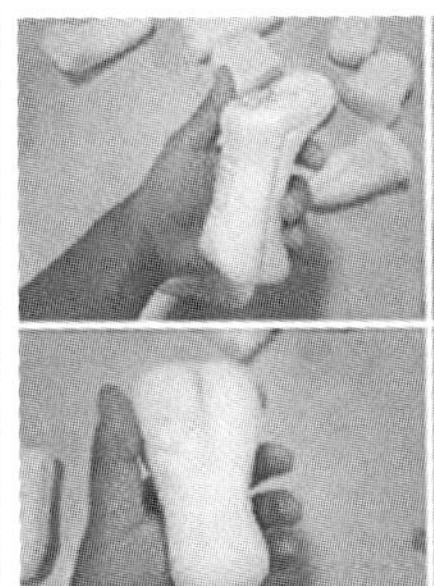
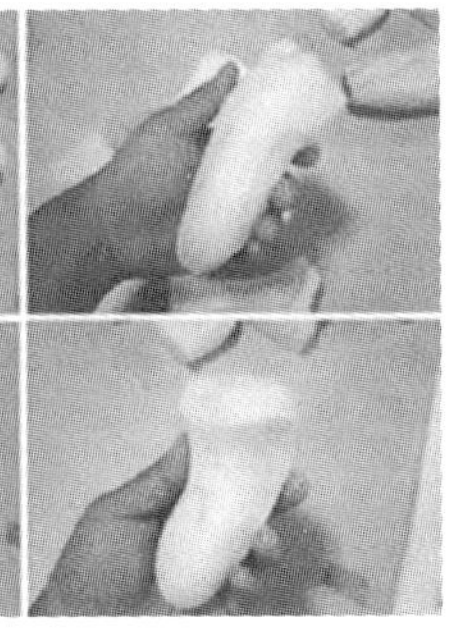

图2-10　剃须刀草模系列

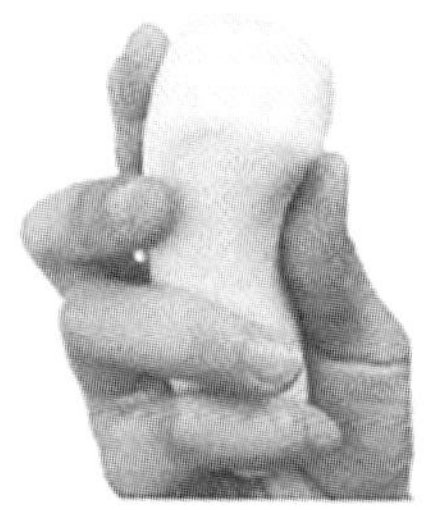

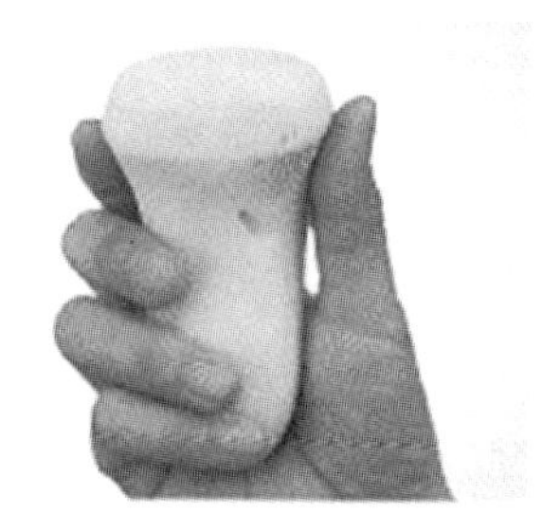

图2-11
剃须刀发泡塑料草模

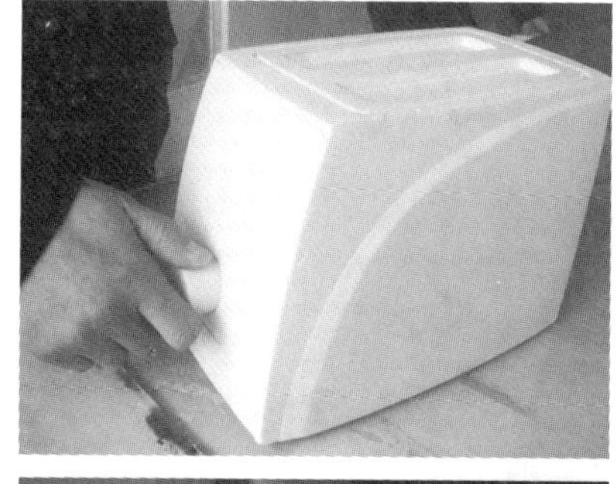

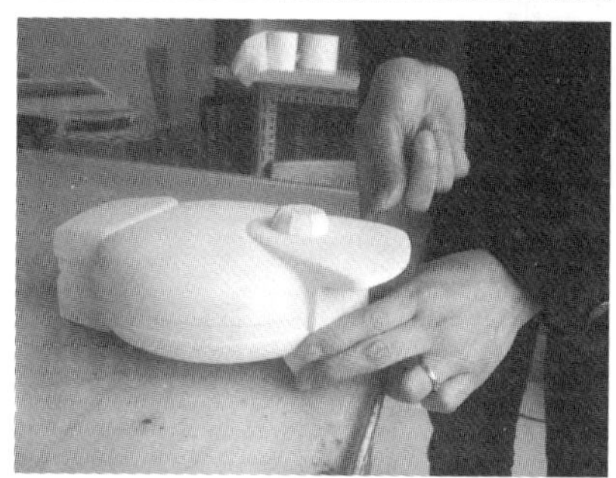

图2-12　剃须刀草模系列

图2-13（左）
自动取款机体量模
图2-14（右）
工作台体量模

2.4.3　概念方案评估

设计进行到这个阶段，团队需要作一次评估，就是对前面用草图或者草模表现设计定位的方案作一次评估筛选，全面审视之前设计调查过程中和目标产品相关联的因素，团队成员抛除一切偏见，衡量哪个方案是最贴近定位、最吸引使用者、使用操作舒适度最合适的。因为个体审美观点、理解能力不同，所以，如果团队成员之间主观的评估测试不能达成一致，那么可以采用矩阵筛选方法来进行。

初次方案评估是一次回顾前面所有工作的过程，审视之前的设计工作，衡量目前为止的结果是否符合之前每一步的分析，如果团队不能保持一致的观点，工作有可能要回到之前的步骤，重新展开分析调研，评判之前的工作是否有问题。总之，设计到评估这一步就要开始重复前面的步骤，很客观地来评价到目前为止结果是否令大家满意。这样的反复过程直到结果得到团队成员的一致认可，设计进入下一个环节。

2.5 产品设计开发方案发展

前面阶段主要对产品概念在形态上形成了初步较明确的具象图形方案，接下来就要对材料、色彩、造型细节等做进一步的工作，这个时候对于产品的功能结构、使用方式、与环境的配合程度、采用什么样的工艺和结构都要有明确的表达。

2.5.1 细节设计

老子说：“天下难事，必先于易。天下大事，必先于细。”在产品设计中也有“细节决定成败”的说法。细节设计是指在产品设计大体方案形成之后在色彩、材质、加工工艺、结构连接、界面、倒角、按钮等一些工作上进行更为深入的设计探讨。在设计过程中每一个细节设计都可以提高产品用户体验品质、提升用户生活质量，产品的细节决定了产品的品质高度。

不同产品的细节各不相同，细节往往形成设计的亮点，比如通信产品的按钮是一个细节、交互设计中的页面转化方式是一个细节、材质是一个细节、色彩是一个细节、汽车设计中的车灯是一个细节。细节设计也可以是一些体贴的操作方式、合理的操作角度等。总之细节无处不在，是产品增辉添彩的精彩之笔，通过这些细节设计给用户带来一种愉悦和难忘的体验。

以筷子设计为例，筷子是东亚文化餐具，不仅是我们中国人的主要餐饮工具，受古代汉文化的影响，日本和朝鲜半岛的居民也用筷子进食。尽管在西方人眼中，中国、日本和韩国人有多么的貌似，然而我们自己却很清楚无论是文化传统、生活习惯，相互之间都存在很大的不同。貌似一样的筷子也因为内在民族文化的不同而相去甚远。中国人用的筷子长而且直，筷子上略粗、尖略细的上方下圆状。据说是明朝时期形成的，隐含了天圆地方的寓意；日本人使用的筷子要短一些的，从粗到细，到了末端就成尖的了。据说跟大和民族的饮食文化有关，日本人靠海吃海，自古以来就以鱼类等海产为主要的肉类食材，鱼类多刺骨，尖的筷子有利于挑刺骨；韩国人的筷子不是中国的圆柱体，也不是日本的上粗下细，而是用金属做的，筷子尖是扁平的。韩国民族男尊女卑意识很强，古代都是女子夹菜到男主人碗中，扁的形状使主妇在夹菜时不会把菜撒到桌子上。至于用金属材料是因为韩国人反对使用一次性筷子和竹筷子，所以就用金属取代。无论具体的设计依据是什么，小小的一双筷子，能够隐含这么多的国民文化内容。而也就是这些微妙的设计细节让三种筷子显得内涵丰富、令人回味无穷。

另外还有一个非常有意思的细节设计案例，那就是意大利的面条（图2-15）。意大利面条种类繁多，有水管通心面、卷通心面、辫子面、斜口通心面，螺旋面、蝴蝶面、贝壳面、细面，扁细面、耳朵面、面疙瘩、面饺、细面、宽扁面以及制作千层面的面皮等，光是从外形上分辨，面的名称就多达三百多种，面条颜色除小麦原色外，还有红、橙、黄、绿、灰、黑等。红色面是在制面的过程中，在面中混入红甜椒或甜椒根；橙色面是混入红葡萄或番茄；黄色面是混入番红花蕊或南瓜；绿色面是混入菠菜；灰色面是葵花子粉末；黑色面堪称最具视觉震撼，用的是墨鱼的墨汁，所有颜色皆来自自然食材，而不是色素。在细节设计上，日本重视造型，而意大利面的细节设计不同于日本重视装饰性和视觉感，而是从味觉入手探索“美味的形状”。世界著名的设计师G·乔治亚罗（Giorgetto Giugiaro），他设计的空心粉叫“MARILLE”，剖面有4厘米宽，形状是希腊字母里的“B”，空心粉的外侧光滑，内侧则有波纹状的沟纹，这样可以使得调料充分地渗入空心粉中。这种空心粉怎么煮都不变形，做成冷盘时视觉上也很漂亮，设计考虑的是空心粉要确保有足够的外表面积，可以充分提高调味汁的附着程度，都是以“易渗入调味汁”为切入点而进行的。

图2-15
意大利面的不同种类

这样的细节设计是多么的贴近生活，让人温馨而感动。难怪意大利人对设计的理解是：设计来自生活并且为了更加美好地生活。

没错，精彩的细节设计也是来自生活，并且让生活更加精彩。所以，要做出让人感动的细节设计、让人为之眼前一亮的细节设计，必须贴近生活、懂得生活、了解生活。

2.5.2 与工程和制造的协调

在实际设计案例中，经常会碰到某些概念方案得到了大家认可，但是和技术核心装置进行配合时，会出现空间、尺寸上的偏差，于是团队之间会出现牺牲外形还是更改装置的争论。很多时候因为更改技术装置的费用昂贵，往往选择修改外形，但是很多时候外形的一点点偏差就完全改变整个形态的比例关系。这时候需要的就是协调。有时候工程师会想办法在不改变核心技术的情况下，让出一点空间或尺寸；或者设计师在整体协调统一，不增加产品生产成本的情况下调整外形。设计师在参与和工程技术相关的内部结构合理化工作中时，往往会得到一些意外的收获。

实践活动中的产品开发设计，最终都是要把产品落实到实际成品，也就是要将设计师的图纸、模型这些东西真正的制造生产出来，叫作“面向制造的设计”（Design for Manufacturing，DFM）。一直以来在产品的设计和制造之间存在着很多矛盾，很多时候设计师提交的设计令制造部门抱怨组装困难、增加成本，甚至技术上无法完成等；而最后产品制造完成后也经常听到设计师抱怨说由于工艺粗糙、一些细节的改动、降低成本而改换材料等原因到最后产品已经完全改变了设计的初衷。所以作为一个产品设计师，应该了解并掌握和工程、制造、工艺等相关知识点，以便于在设计前期就考虑到成本、制造、工艺等实际问题。一般情况下设计师必须了解的内容大概有以下方面。

2.5.2.1 模具知识

模具是在对各类不同材料的成型加工中，利用外力作用使坯料成为有特定形状和尺寸的制件工具。一般来说金属等材料制品通过冲裁、成形冲压、模锻、冷镦、挤压、粉末冶金件压制、压力铸造等工艺；工程塑料、橡胶、陶瓷等材料制品通过压塑或注塑等工艺。模具有特定的轮廓和内腔形状，具有刃口的轮廓形状可以使坯料按轮廓线形状发生分离，进行冲裁，最后的产品在此处会出现分模线，内腔形状可以使坯料获得相应的立体形状。模具一般分凸模和凹模两个可分可合的部分。凸模和凹模分开时可装入坯料或取出制件，合拢时可使制件与坯料分离或成形。在冲裁、成形冲压、模锻、冷镦、压制和压塑的工艺过程中，分离或成形所需的外力通过模具施加在坯料上。在挤压、压铸和注塑等工艺过程中，外力则由气压、柱塞、冲头等施加在坯料上，模具承受的是坯料的胀力。模具除其本身外，还需要模座、模架、导向装置和制件顶出装置等，这些部件一般都制成通用型，以适用于一定范围的不同模具。模具的应用极为广泛，大量生产的机电产品，如汽车、自行车、缝纫机、照相机、电机、电器、仪表等，以及日用器具的制造都应用模具。模具基本上是单件生产的，其形状复杂，对结构强度、刚度、表面硬度、表面粗糙度和加工精度都有很高的要求，所以模具生产需要有很高的技术水平。模具的及时供应及其质量，直接影响产品的质量、成本和新产品研制。因此，模具生产的水平是机械制造水平的重要标志之一。

详细的模具知识在基础课程“材料和结构”中会专门讲解，在这里是提醒设计人员在设计过程中必须要考虑所设计的产品造型在经过模具加工生产时的问题。比如说现有设计的造型在脱模技术过程中是否存在无法脱模、设计的某些连接是否过细过薄而无法开模等问题。因为一旦设计和工程人员都疏忽了有些小问题，就可能会造成生产过程中的巨大浪费和无效设计。当然，个人的力量是有限的，这个时候一定要有必要和工程技术人员坐在一起，设计师虚心地听取他们的意见和建议，这样就可以做到既最大限度地保留设计师的创作意图，又保证生产和工程的顺利衔接。

2.5.2.2　材料与工艺

材料和工艺是实现产品设计的必要物质技术条件，设计通过材料和工艺转化为实体产品。新材料对设计的影响不仅限于技术性应用的范畴，还能够为设计师带来新思路。材料设计也是设计创新的一种重要手段。设计师通过评价和探索各种材料在设计中的应用价值，发掘材料在设计造型中的潜力。同样的产品采用不同的材料和加工工艺可以产生截然不同的形态、功能和审美变化。

设计师应该具备相关材料和工艺的知识，了解材料的基本性能，会应用材料工艺学知识解决设计的问题，在设计中选择恰当的材料和工艺，合理运用材料美学使加工工艺符合材料的性能。材料具有其特性，人们通过感觉器官对材料作出心理和生理反馈。比如塑料的手柄质感和金属的感觉带给用户的生理和心理体验是截然不同的。不同的材料给人不同的触觉、联想、心理感受和审美情趣，每一种材料都有着自己的个性特色。在设计造型中，应该充分考虑材料自身的不同个性，对材料进行巧妙组合，使其各自的美感得以体现。随着全球工业化进程的发展规律，有更多的材料被应用在工业产品中。但同时人类的环境也遭到了日益严重的破坏，自然资源日益减少。如何减少环境

图2-16
Alessi 日用品设计

污染，重视生态环境保护成为人们关注的焦点，设计师作为消费品的设计者，在设计时就应该考虑到材料选择和环境保护之间的关系，减少对环境有破坏和污染的材料使用，避免使用有毒材料，延长生命周期以降低产品的淘汰率。不同材料的制造工艺各不相同，设计师应该根据产品的功能、形态和使用要求选择合适的可实施、降低成本的最合理的材料和相应加工工艺，如图2-16所示。

目前许多新锐设计师致力于可持续发展的环保材料的开发和设计，虽然也许目前成本比较高，但是从长远的角度来看，这是设计发展的必然趋势。

2.5.3 电脑效果图表达

在进行了细节设计、和工程的协调等发展之后，设计方案已经比较明朗，这时候可以对它进行模拟现实产品的展示，那么电脑效果图就是最好的方式了。电脑效果图也叫计算机辅助模型，是指产品利用计算机技术模拟产品形态、色彩、结构以及功能和操作演示的一种表达方式。计算机辅助模型有二维、三维和动态几种形式，根据项目的不同要求选择合适的表达方式。

计算机辅助工业设计（CAID，Computer Aid Industrial Design）是从计算机辅助设计CAD延伸而来，是以计算机技术为核心的信息时代产物，是指工业设计人员利用计算机辅助系统进行工业设计，比如在产品的形态设计、结构分析、成品制造等方面的应用。与传统的工业设计相比，CAID在设计流程、设计质量和设计效率等各方面都发生了一系列的变化。产品的创新与快速开发是企业竞争力的关键，计算机辅助工业设计CAID顺应了这一需求，它为设计人员和企业进行新市场竞争下的工业设计活动提供了支持。在产品设计活动中使得设计表现更加简便快捷、设计展示更加方便清楚、缩短了设计周期、保障了设计的可行性。由于CAID的应用，工业设计师们的职责在很大程度上也发生了相应的变化，最初的工业设计师对产品设计是停留在平面视觉表达状态上，后期的产品制作依靠工程师对于设计图纸的理解，在一次又一次的修改过程中逐步完成。而现在工业设计专业人员的职责就不仅仅是完成一个产品外观造型的任务，他必须了解材料、结构、

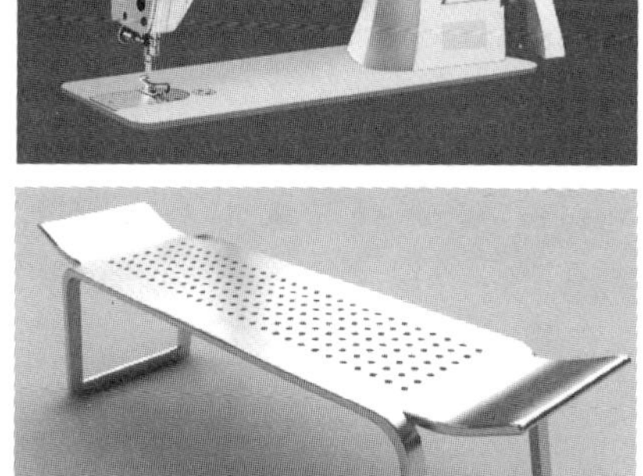

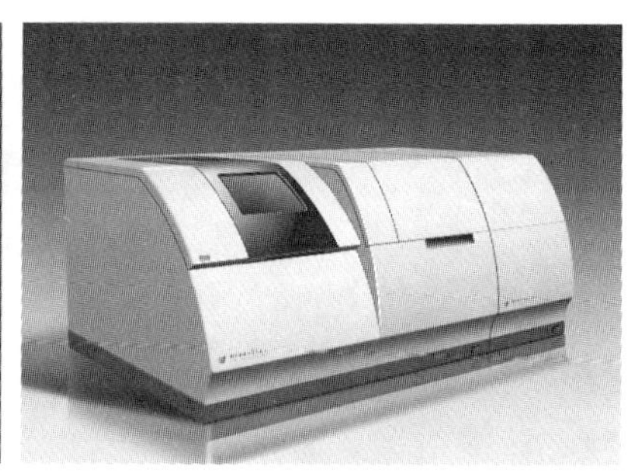

图2-17（左）
缝纫机的电脑效果图
图2-18（右）
光谱测量仪的电脑效果图

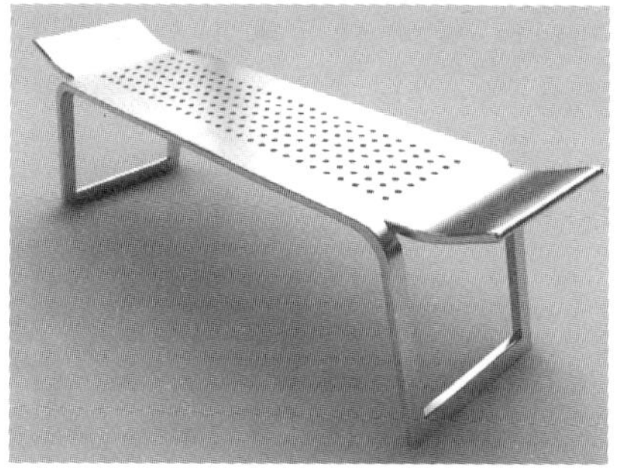
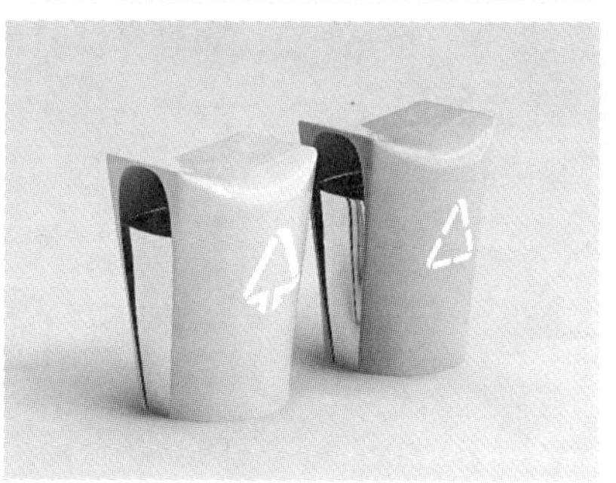

图2-19（左）
坐椅的电脑效果图
图2-20（右）
垃圾桶的电脑效果图

模具、生产等相关专业的知识，以便于最初的设计创意与后续工程接口。当前，国内、外关于CAID的研究主要集中在计算机辅助造型技术、人机工程技术、结构设计、模具设计以及产品反求技术的应用研究等方面。随着技术的日益发展，产品设计模式在信息化的基础上，必然朝着数字化、集成化、网络化、智能化的方向发展，从某种意义上说计算机辅助把工业设计许多任务转化成一种量化、数据化的工作细节。计算机模型的建立相对于实体模型更加快捷、修改更加方便，但是在空间感受以及在产品的手感、体量感方面不如实体模型直观。

计算机模型可以在产品设计流程的每一个环节都发挥很大的作用。在设计前期概念开发阶段可以辅助完成各类概念方案的表现；在设计中期可以进行结构和外观的组装配合模型；在后期可以利用动态模型演示功能实现模式和产品结构工作原理。如图2-17～图2-20所示。

2.5.4 实体模型制作

电脑效果图是模拟立体的平面展示，通过电脑效果图我们可以对形态、色彩、材料、细节等进行调整和评估，接下来就可以展开实体模型的制作以评判设计方案带给使用者的真实体量感觉。

产品实体模型是指在没有开模具、产品推上市场之前帮助设计团队根据产品外观或结构做出的一个或几个用来评估和修正产品的样板。它包含了反映该产品外观、色彩、尺寸、结构、使用环境、操作状态、工作原理等特征的全部数据。模型样机在新产品开发过程中起着极为重要的作用，它能以最终形式向客户展示其设计，为客户提供最终的设计验证测试手段，及时纠正错误，最大限度地减少模具制造及投产时因配合失调、反复变更带来的不必要损失，大大减少实验工作量，有助于产品设计开发的最终成功。

早期的产品实体模型因为受到各种条件的限制，大部分工作都是用手工完成的。随着科技的进步，CAD（Computer Aid Design）和CAM（Computer Aid Manufacture）技术的快速发展，为产品实体模型制造提供了更加好的技术支持，使得产品实体模型制作越来越精确和精细；另一方面，随着社会竞争的日益激烈，产品设计开发速度日益成为竞争的主要矛盾，而产品实体模型制造恰恰能有效地提高产品设计开发的速度。在这种情况下，产品实体模型制造业便脱颖而出，成为一个相对独立的行业而蓬勃发展起来。产品实体模型制作是设计过程中比较重要的阶段，是一个再次深入设计并发现问题的过程。

1.产品模型按照模型用途分为外观模型、功能结构模型、展示模型等。

外观模型是指评估产品的形态、尺寸、体量、各组件之间的比例以及用户在手感上是否符合设计师的预想的模型。产品开发概念提案一直到最后产品定案，设计师都会不断地制作大量外观模型，目的是最直观的获得产品改进信息而进行下一步的设计，如图2-21～图2-23所示。

功能结构模型能清晰地表达产品的结构尺寸和连接方法，并用于进行结构强度试验的模型；结构功能模型还可以一定程度地让用户体验产品工作状态，对一些活动关节机构进行试操作等；功能结构模型为设计深化并最终实现产品概念的重要步骤。在不同阶段也采取不同的功能结构模型制作，比如产品设计前期设计师对于一些和造型密切相关的结构可以利用现有相关结构配件进行实验性的草模试验，如图

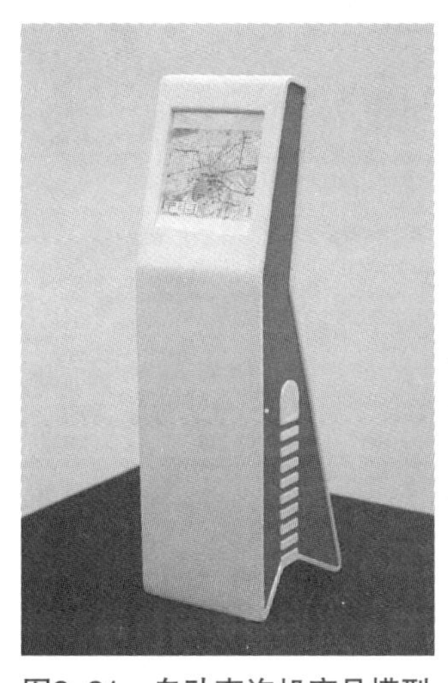

图2-21　自动查询机产品模型

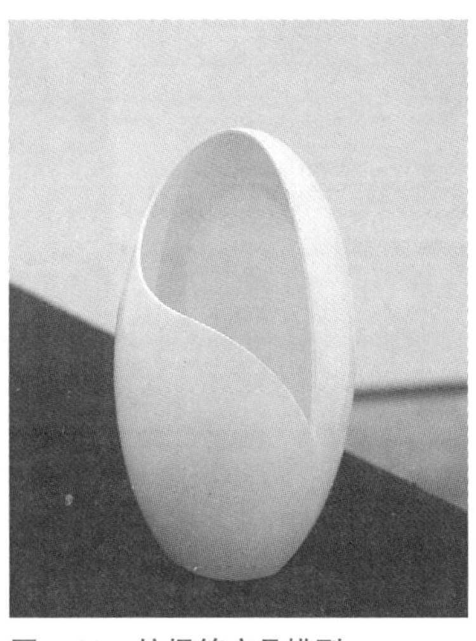

图2-22　垃圾筒产品模型

图2-23　自动检票机产品模型

2-24所示。

展示模型一般是在设计末期在产品推广宣传策略上进行的精细外观不可操作模型，一般这些模型会采用比较优质的材料、运用高科技仪器进行辅助制作，如图2-25～图2-28所示。

2.产品模型按照制作材料一般可以分为纸模型、塑料模型、石膏模型、木材模型、金属模型、油泥模型、黏土模型等。实际上只要设计师觉得能够最快、最好地表现产品需要验证的特征的任何材料都可以用来制作模型。

纸模型是一种可塑性非常强的材料，在建筑设计、产品设计、服装设计等领域大量地运用纸材料进行草模制作，如图2-29所示。

塑料模型是一种常用的模型。塑料品种多达五十多种。制作模型应用最多的是热塑性塑料，主要有聚氯乙烯（PVC）、聚苯乙烯、ABS

图2-24
油烟机局部结构模型

图2-25（左）
飞机模型
图2-26（右）
奔驰公司展示模型

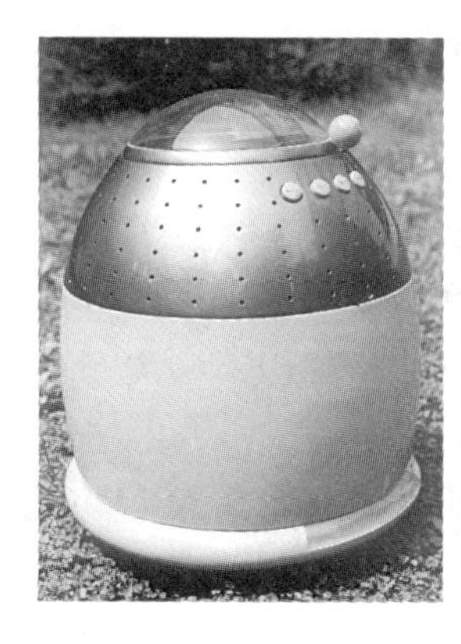

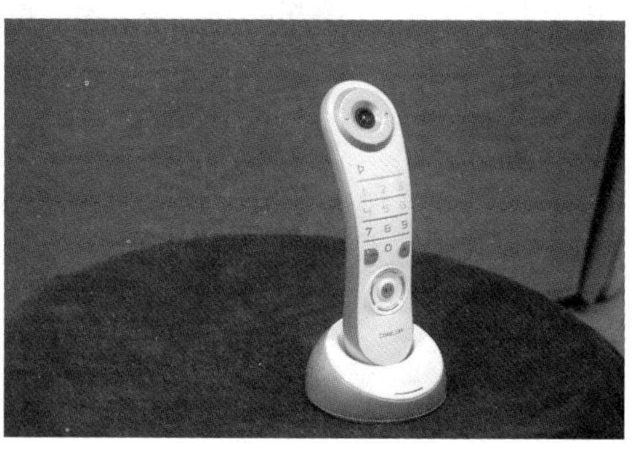

图2-27（左）
洗衣机展示模型
图2-28（右）
陈异子毕业设计模型

图2-29
空间展示模型

图2-30（左）
自动售票机展示模型
图2-31（右）
售报亭展示模型

图2-32（左）
汽车石膏模型
图2-33（右）
赛车石膏模型

工程塑料、有机玻璃板材、泡沫塑料板材等。聚氯乙烯耐热性低，可用压塑成型、吹塑成型、压铸成型等多种成型方法。ABS工程塑料的熔点低，用电烤箱、电炉等加热，很容易使其软化，可热压、连接多种复杂的形体。有机玻璃具有适光性好、质量轻、强度高、色彩鲜艳、加工方便等特点，成型后易于保存。图2-30、图2-31所示为2008年学生毕业设计模型。

石膏模型价格经济，方便加工。石膏质地细腻，成型后易于表面装饰加工的修补，易于长期保存，适用于制作各种要求的模型，便于陈列展示，如图2-32、图2-33所示（图片分别摘自http：//www.daimu.cn和http：//www.visionunion.com网站）。

木制模型一般都是经过二次加工后的原木材和人造板材。人造板材常有胶合板、刨花板、细木工板、中密度纤维板等，可以当作压模模具。家具的模型常用木头制作，如图2–34、图2–35所示。

金属模型以钢铁材料应用最多，如各种规格的钢铁、管材、板材，有时少量的也用一些铝合金金属材料。金属模型材料的制作，主要从金属材料的强度、弹性、硬度、刚度以及抗冲击拉伸的能力等方面来考虑。金属模型加工工艺主要有切削、焊接、铸造、锻造等。因实验室加工条件有限，所以金属模型工艺选择较少，如图2–36所示。

油泥是一种人造材料，可塑性强，黏性、韧性比黄泥强。它在塑造时使用方便，成型过程中可随意雕塑、修整，成型后不易干裂，可反复使用。油泥价格较高，易于携带，制作一些小巧、异形和曲面较多的造型较合适。一般像车类、船类造型用油泥极为方便。油泥的材料主要成分有滑石粉62%，凡士林30%，工业用蜡8%，如图2–37所示（图片分别摘自http：//image2.sina.com.cn和http：//www.lcstc.com/网站）。

黏土材料取材方便，价格低廉，可塑性极强。在塑造过程中可以反复修改、任意调整，修、刮、填、补比较方便。还可以重复使用，是一种比较理想的造型材料。但是如果黏土中的水分失去过多则容易使黏土模型出现收缩、龟裂，甚至产生断裂现象，不利于长期保存。另外，在黏土模型表面上进行效果处理的方法也不是很多，制作模型时一定要选用含沙量少的黏土，在使用前要反复加工，把泥和熟，使用起来才方便。一般作为雕塑、翻模用泥使用，如图2–38所示。

图2–34　儿童家具

图2–35　斯图加特学生作品

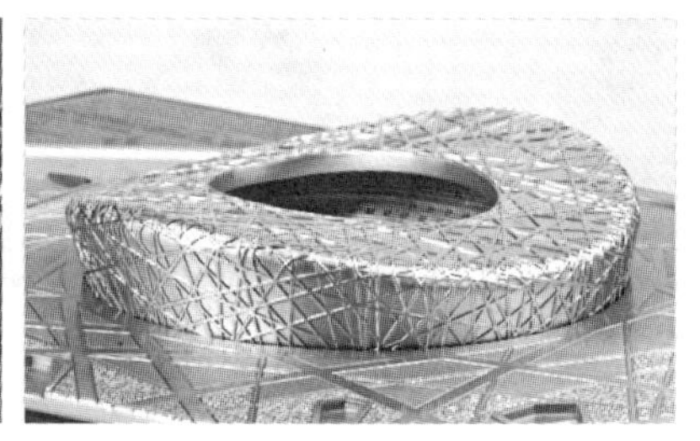
图2–36　北京奥运场馆鸟巢产品模型

图2–37　油泥制作

图2–38　黏土模型

3.产品模型按照制作方法一般可以分为手工模型和数控模型。

手工模型一般在产品设计开发前期在设计团队内部用以评估产品的外观造型、体量尺度或者是人机互动界面等。国外的院校和设计机构对于草模的使用很频繁，基本上很多概念就是从制作草模开始的。草模也有很多种类，比较常见的有功能草模和外观草模。常用的比例有1:1、1:2、1:5等；如果是交通运输设计类别的话则会出现1:20~1:10不等的外观比例。关于草模所用材料，多为设计人员身边俯拾可及的材料，像是纸片、瓦楞纸、木板等；专业的草模材料则有PU发泡材、EK板、代木、中高密度保丽龙等。

数控模型是用数控机床完成的模型。根据所用设备的不同，又可分为激光快速成型和加工中心两种不同方式。

快速成型技术又称“实体自由成型技术”，即Rapid Prototyping，简称RP技术，是一项20世纪80年代后期由工业发达国家率先开发的新技术，其主要技术特征是成型的快捷性，能自动、快捷、精确地将设计思想转变成一定功能的产品原型或直接制造零部件，该项技术不仅能缩短产品研制开发周期，减少产品研制开发费用，而且对迅速响应市场需求、提高企业核心竞争力具有重要作用。RP快速成型的工艺方法是基于计算机三维实体造型，在对三维模型进行处理后，形成截面轮廓信息，随后将各种材料按三维模型的截面轮廓信息进行扫描，使材料粘结、固化、烧结，逐层堆积成为实体原型。快速成型系统相当于一台“立体打印机”，它可以在无需准备任何模具、刀具和工装卡具的情况下，直接接受产品设计CAD数据，快速制造出新产品的样件、模具或模型。

计算机数字控制机床（Computer Numerial Control）简称加工中心（CNC），是一种装有程序控制系统的自动化机床。该控制系统能够逻辑地处理具有控制编码或其他符号指令规定的程序，并将其译码，从而使机床动作并加工零件。与普通机床相比，数控机床加工精度高，具有稳定的加工质量；可进行多坐标的联动，能加工形状复杂的零件；加工零件改变时，一般只需要更改数控程序，可节省生产准备时间；机床本身的精度高、刚性大，可选择有利的加工用量，生产效率高；机床自动化程度高，可以减轻劳动强度；对操作人员的素质要求较高，对维修人员的技术要求更高等。

2.6 产品设计开发测试评估与方案完善

2.6.1 产品设计开发测试评估

设计进行到这一阶段，基本上已经能够比较清楚地看到最后产品是什么样子、怎样工作、如何与用户进行互动、和环境匹配程度等。但是设计远远没有结束，很重要的一点是要对目前这个设计进行深入的测试评估，就是通过制造、设计，甚至是用户的试验使用，深入地推敲研究发现目前产品还存在的问题，以便于进一步地进行完善。有效的测试评估是产品开发朝着既定正确目标发展的保证。

最终推向市场的产品是经过设计调查、概念构思、方案确定、方案深入和制造等一步一步走过来的，在进入下一个步骤之前经过反复的测试评估得出修改意见将方案逐步地深入和明确下来。因此在设计开发过程中测试评估是必不可少的工作，比如设计调查资料的分析评估、产品机会缺口的测试评估、概念构思的测试评估、最终方案的测试评估、技术方案的测试评估、材料工艺的测试评估等。

测试评估是一套系统的方法学，可以采取客观和主观两种评估方式。主观评估方式主要通过设计者、客户、使用者对产品的感性认识和对产品的使用认知心理进行评估，比如使用情景分析法、矩阵筛选图方法、价值机会分析法、用户语境分析法、专家评估、用户使用访谈、模拟操作分析等方法展开；客观评估方法是借助机器比如采用人机工学测试仪、眼动仪、虚拟现实、统计分析等软件来展开。产品设计开发过程不同步骤采用不同的测试评估方法，一件好用、易用的产品必然是经过了不断反复测试最终获得用户认可的。

产品设计测试评估一般准则包括以下方面。

1.是否具有创造性：从功能、外观、价值几个方面评价产品是否具有创新性。

2.是否具有科学性：从技术和生产制造两大方面来评价新产品是否具备科学性。在技术方面，从实现产品功能的技术支持、是否更具人性化、是否安全等方面来评价；在生产制造方面，从材料品质、模具设计、工程图标准化设计、生产自动化、制造方式、规格结构、包装、运输、存储、维修、电脑辅助设计与制造等方面来评价。

3.是否具有社会性：从经济和审美两个层面考虑。

4.是否具有可持续发展性：从材料、资源利用，产品维护、回收，产品对使用群体的社会影响力等层面来考虑。

5.是否具备人机交互的合理性和科学性。

经过这一轮的测试评估，会发现很多问题。这个时候需要回到最初的设计步骤审视每一步的过程和结果，审视现有问题的原因和解决的办法等。经过再次反复推敲，一直到方案满足团队的要求，才可以进入到下一步的工作。有时候这个反复的过程是非常折磨人的，一定要静下心来，仔细琢磨设计的初衷是什么，期望是什么，设计的结果是否符合期望甚至超出了人们的期望。

2.6.2 产品设计开发方案完善

设计进行到这个阶段，一方面是把设计创意、设计细节、产品工作原理等内容完整的表现出来，通过这次完整的设计结果展示，以期获得投入批量生产前最后一些改进反馈建议，为最后推出尽可能完美的产品再做雕琢；另一方面就是开始考虑和生产制造接轨的工程文件转换问题。

2.6.2.1 设计说明表达

设计说明表达是设计接近尾声的工作任务，其目的是设计师通过直观的方式将设计作品和外界进行沟通和交流，一方面可以获得反馈信息推动设计作品向更高更完美的方向发展；另外通过这样的表达重新将整个设计过程整理一遍。设计说明应该制作得既要清楚地将每一个步骤交代清楚，另一方面又要简明扼要。设计说明一般可分为文本说明和版面说明两种，它们要表达的几个要素和结构是一样的，只是版面说明更加简练明了，对于概括的能力要求更高。

通过设计说明表达可以让企业、客户、用户、消费者以及其他相关人士看明白产品的造型、色彩、功能、界面、人机等要素，然后根据他们的感觉、体验和喜好对产品作出各方面的评价。如何说明和表达所设计的产品也是作为设计师的一项基本能力，一份好的设计说明往往能够让最后的设计脱颖而出。

总的来说设计说明包含下面几个要素。

1.一个好的标题：和写作文一样，给自己设计的产品一个贴切又打动人的名字可以在最短的时间内让人理解你的设计意图、产品的功能品质定位，甚至能让人感受到产品的文化理念。

2.文化演绎说明：任何产品都是在特定的环境下给特定的人使用的，小环境可以从不同年龄层、不同教育层次、不同经济收入、不同性别等方面来区分；大环境可以从不同国度、不同地理位置、不同宗教信仰和不同生活方式来区分。这些环境的不同造成了这些用户不同的文化特征、不同的价值理念和不同的审美观念，这些是产品功能和形态上形成的最直接因素。这也是产品前期策划的设计调查分析报告的大部分内容。有些人用文字和图表来描述，有些人会用故事板的方式，也就是用一幅幅图片讲故事来表达这个使用群体的习惯、爱好、

图2-39（左）
电子测量仪操作示意图
图2-40（中）
笔使用示意图
图2-41（右）
儿童车使用示意图

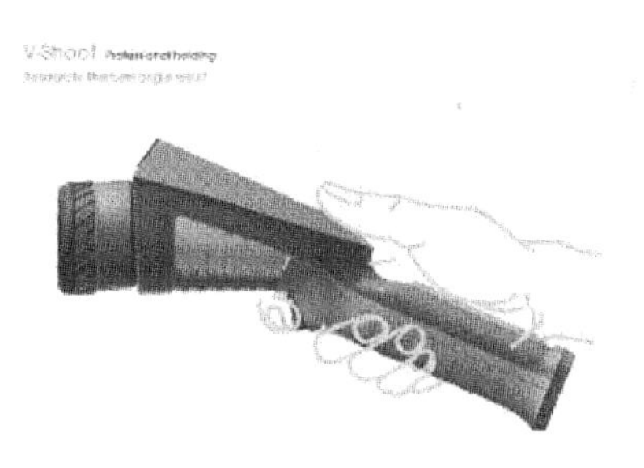

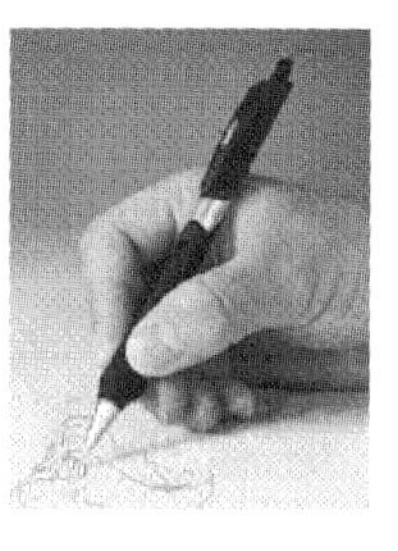

受影响的文化环境等信息。

3.产品定位说明：产品定位是解释所设计产品的5W2H，也就是说明产品是在哪里、什么情况下、给什么人、什么地点、如何使用的。这样外界可以依据产品的这些特性进行评估。很多时候可以用图示的方式来表达，但是所选的环境、使用者等烘托因素一定要选择准确。否则会误导外界影响对产品的正确评估。

4.产品功能说明：产品功能说明包括产品的使用方式、开启关闭方式、携带方式、放置方式等，目的是让外界对于产品的使用功能有比较直观的了解，也可以通过图示等方式来表现，某些产品在不具备模型模拟使用图片的情况下，可以通过电脑合成等方式说明。比如应急灯的使用可以通过在效果图上用勾线的方式配上手的动态姿势来表现，如图2-39～图2-41所示。

5.产品形态说明：产品形态是设计中最直观的内容，也是设计说明中不可缺少的重要部分。产品形态说明不仅要有产品整体和局部的外观特征演示，还要有色彩、材质、可操作性、人机因素分析、尺寸、与结构的配备等信息。比较常用的有三视图、轴测图、爆炸图、细节局部剖面图等表达方法，如图2-42～图2-45所示。

一份完整的设计说明书一般包括以下部分。

1.封面：项目名称、项目背景（委托企业、课题名称或是竞赛名称）、参加者、时间，另外还有指导者、赞助者等信息。

2.目录：按照设计程序和设计日程安排填写目录，一般有以下几大项内容：设计调研报告、设计展开、模型制作、方案确定、综合评价。

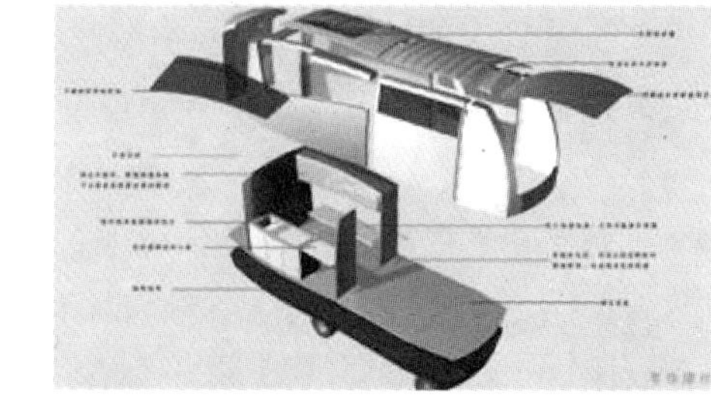

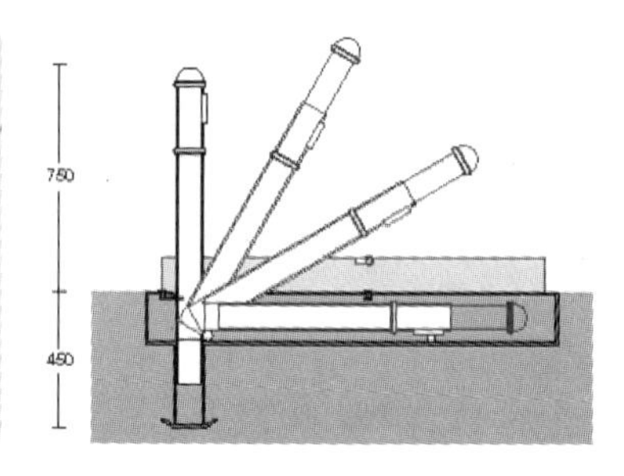

图2-42（左）
房车爆炸示意图
图2-43（右）
城市设施局部使用示意图

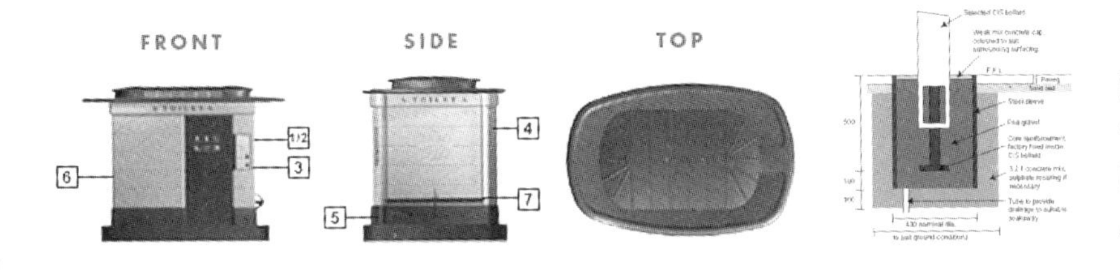

图2-44（左）
书报亭三视图
图2-45（右）
局部配件详细说明图

3.日程安排：根据产品前期策划的日程安排，对于产品开发的时间安排有所明确，便于工作的顺利开展。

4.设计调查报告：设计调查报告包含设计调查中的各项内容，比如一开始寻找问题时的调查；明确产品机会时针对机会缺口的设计调查，如用户群体特征调查、用户生活方式调查、审美调查、生活方式调查、价值观念调查等。这些所有的调查报告最重要的是分析的调查结果，比如第一次调查的结果是得出一个产品机会缺口，接下来形成一个典型的用户模型。这些内容都必须有条理、很清晰地表达出来，这也是培养一个有逻辑思维设计师很重要的方面。一般在版面设计说明中只要表述结果就可以。

5.设计展开：设计展开是指概念形成和演化的过程，可以用文字、草图、草模等形式表现。在产品设计开发过程中要善于记录工作过程，比如怎样展开思路、怎样得到修改意见，又怎样进行修改得到深入的方案等。这些都应该用文字和图片记录下来，便于最后总结和提高。

6.模型制作：在概念阶段就开始不同类型的模型制作，用图片和文字的方式记录模型制作过程、模型试验等资料。

7.方案确定：方案确定是指设计团队根据可生产性、产品造型、色彩等综合因素选择了最优方案作为定稿，最终文件包括产品效果图、三视尺寸图、模型或样机。另外根据具体案例的不同，有些还将提供产品轴测爆炸图、局部放大图、工程图（包括结构、外形和零件图）。

8.综合评价：通过上述各项内容的展示，对于产品作最后的客观评价。在技术指标上通过产品的可用性、可靠性、有效性、合理性等方面来评价；在经济指标上通过开发成本、生产费用以及预期利润回收等方面来评价；在社会效益方面通过社会影响力、和用户的协调等方面来评价；另外就是从造型、色彩、材料和工艺等方面进行评价。

2.6.2.2　设计文件和工程文件的转化

造型设计的完成不是设计的结束，这些资料将会移交到下一步的工作，进行结构和模具设计。一款完整的产品设计，应该包括产品造型设计、产品结构设计、产品模具设计。一般来说，这三项设计的设计师、工程师是一个团队，在产品设计过程中相互合作协调，直到最终产品成功投产。很大一部分产品设计师也渐渐地介入后续设计工作，比如外观设计直接用模具设计软件，这样既可以更好地保证产品外观形态忠实于设计师的原创，又可使工作效率大大提高。目前一般的工作流程为在效果图得到客户方的认可后，建立三维模型或将已有三维模型数据导入模具设计软件，同时将犀牛或3D MAX三维数据以及AUTOCAD产品外观尺寸交给模具结构工程师进行外观和内部结构设计。设计师和工程师们的协调工作得益于计算机辅助工业设计软件的利用，目前计算机辅助工业设计（CAID）的软件种类非常多，一般来说常用的软件包括以下种类。

1.图形手绘软件：Coreldraw、Illustrator、Freehand。

2.图像处理软件：Painter、Photoshop。

3.建立模型软件：Rhino 3D、3D MAX。

4.模型渲染软件：Cinima 4D、Vray。

5.工程设计软件：Solidworks、Pro.E、 Alias studiotools、UG、CATIA。

由于CAD技术的不断发展、类别繁多，需要标准化的工作模式，国家科委工业司和国家技术监督局标准司发布的《CAD通用技术规范》，规定了我国CAD技术各方面的标准。由于目前各个行业的CAD软件不断开发，不同的CAD系统产生的数据文件采用了不同的数据格式，甚至有的CAD系统中数据元素的类型也不相同。怎样使CAD技术信息实现最大限度的共享并进行有效的管理是标准化面临的重大课题。目前用于数据交换的图形文件标准主要有：AUTOCAD系统的DXF（Data Exchange File）文件，美国标准IGES（Initial Graphics Exchange Specification，基本图形交换规范）及国际标准STEP（Standard for the Exchange of Product Model Data）。另外一些特殊行业，如汽车业、造船业有他们自己的一些标准。软件接口的转换一般存在于三维建模软件与工程软件之间，不同软件之间如何合理转换是一个需要实践经验的问题，很多时候，不同的转换格式和转换方法，直接影响最后转换的文件质量。所以，作为一名专业设计师，在能够完整表达个人设计创意的同时，应该掌握或者至少要了解和工程制造接轨的各类软件。

2.7 产品推出

2.7.1 知识产权和专利

知识产权是指对智力劳动成果所享有的占有、使用、处分和收益的权利。知识产权是一种无形财产权，它与房屋、汽车等有形资产一样，都受到国家法律的保护，都具有价值和使用价值。有些重大专利、驰名商标或作品的价值要远远高于房屋、汽车等有形资产。知识产权的主要内容包括专利权、商标权、著作权。

和产品设计最密切相关的是专利。我国专利法除发明专利以外，还规定有实用新型和外观设计专利。发明专利批准以后有效期为从申请日起算20年，实用新型和外观设计专利的有效期为从申请日起算10年。专利权具有专有性、地域性和时间性三大特点。专有性也称独占性，它是指专利权人对其发明创造所享有的独占性的制造、使用、销售、许诺销售和进口其专利产品的权利。此外，一项发明创造只能被授予一项专利权。地域性是指一个国家授予的专利权只在该国法律管辖的范围内有效，对其他国家没有任何效力。时间性是指专利权只在法律规定的时间内有效，期限届满后，专利权即告终止，在专利权有效期内，若专利权人不按时缴纳专利年费或声明提前放弃专利权，则该专利权有效期终止。

申请专利的主要目的在于通过法定程序确定发明创造的权利归属关系，从而有效保护发明创造成果，换取最大的经济利益，防止其发明创造成果被他人随意使用，丧失其应有的价值；在市场竞争中争取主动，防止竞争对手将相同的发明创造申请专利，从而确保自身产品生产与销售的安全可靠性。在当前信息流通迅速广泛的时代，设计师和企业无论从自我保护，还是商业竞争的角度出发都不可忽视专利申请的重要性。

申请人在确定自己的发明创造需要申请专利之后，必须以书面形式向国家知识产权专利局提出申请。当面递交或挂号邮寄专利申请文件均可。申请发明或实用新型专利时，应提交发明或实用新型专利请求书、权利要求书、说明书、说明书附图（有些发明专利可以省略）、说明书摘要、摘要附图（有些发明专利可省略）各一式两份，上述各申请文件均须打印成规范文本，文字和附图均应为黑色。申请外观设计专利时，应提交外观设计专利请求书、外观设计图或照片各一式两份，必要时可提交外观设计简要说明一式两份。国家知识产权局专利局正式受理专利申请之日为专利申请日。申请人可以自己直接到国家知识产权局专利局申请专利，也可以委托专利代理机构代办专利申请。

2.7.2 市场跟踪

产品推出上市之后，设计工作并没有最后完成。优秀的企业和设计团队，往往把产品推出看成是一个新产品机会缺口产生的开始。产品上市，用户使用后所反馈的信息是最直接最可靠的产品测试评估资料，如果能够把用户使用的真实感受进行信息搜集反馈，对于下一代产品的改良就是最好的设计依据。

【思考和练习题】

1.了解产品设计开发一般程序，并按照产品设计开发一般程序选定一个小课题展开实践工作，记录下每一个步骤以及中间出现的相关问题，最后按照产品设计开发程序中的要求提交模型、设计说明。

2.了解与设计相关的生产制作工艺和软件。

第三章　产品设计开发工作思维和实践方法

3

3.1　产品设计开发工作思维模式

工业设计是一个涵盖多门学科领域的交叉学科，其工作和思维方式是立体的。日本千叶大学教授石川弘先生为工业设计的工作和思维模式绘制出一个模型图，椭球体纵向表示设计工作从开始到结束的设计流程，横截面表示在设计过程中由始至终必须考虑的因素，如图3-1所示。

纵向的设计过程是一个递进反复的思维模式，从产品设计第一阶段开始一直到最后完成设计任务，需要不断地进行发散思维和收敛思维的交替活动。发散思维也就是感性思维，目的是通过打开脑力束缚，获得尽可能多的参考信息和构思；因为工业外设计不仅仅是一门艺术，它还是一门实际应用型学科，在实现设计的过程中就必须要考虑技术、经济、材料、运输等相关因素，一个最终能够实现的设计就

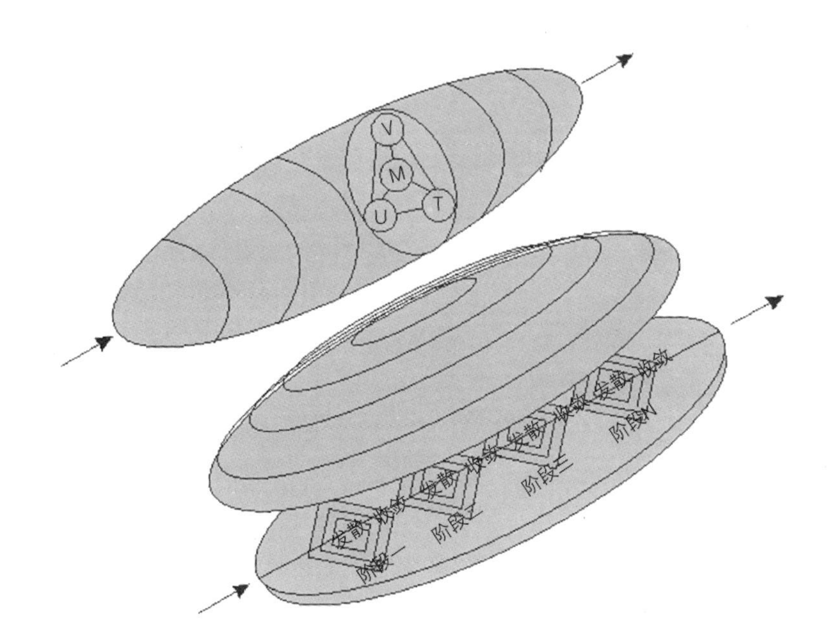

图3-1
工业设计工作和思维模式图（1）

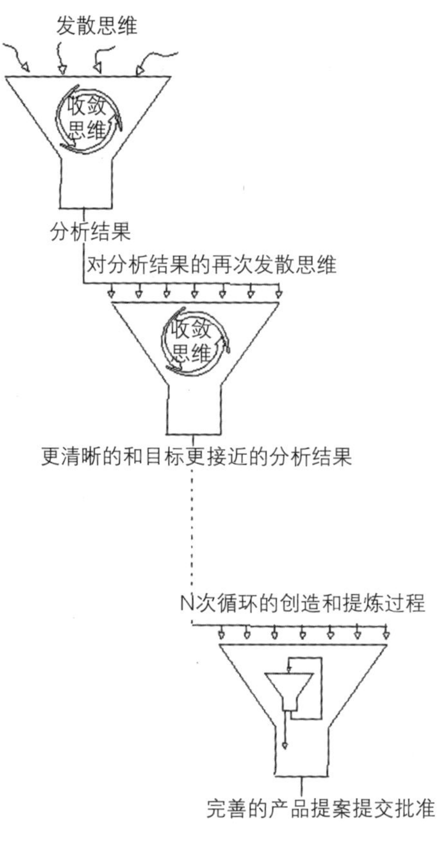

图3-2
发散和收敛思维工作图

必须符合这些因素的限制和要求，因此有必要运用收敛思维，也就是理性思维进行整理和归纳，最终完成既符合实际需求也具有最佳构思创意的方案。整个设计过程就是这样在不断的感性加理性、发散加收敛的过程中将构思方案趋于合理化、具体化的，如图3-2所示。

设计过程的横截面是设计师必须时刻要考虑的设计因素，也是理性思考即收敛性思维的参考体系。石川弘先生指出这个横截面体现了：设计是以人M（Man）为中心的功能U（Utility）、技术T（Technique）、经济E（Economy）或费用C（Cost）、视觉V（Vision）等几个要素的结合。进一步可以具体描述为：以人的体验为核心的设计是和人文（Humanities）、经济管理（Economy Managment）、工程技术（Technology Engineering）、艺术（Art）四大学科息息相关，设计在这四个学科知识点上寻求的是人文和经济学科之间的“价值”、人文和艺术学科之间的“感觉”、艺术和技术学科之间的“形式”、技术和经济学科之间的“功能”；而价值的获取是在伦理道德和经济利益之间取得平衡；感觉是在人文科学的原则和艺术创作的直觉之间取得平衡；形式是在技术的可能性和艺术的创造能力之间取得平衡；功能是在经济和技术的结合中实现的。每一个阶段设计师始终围绕着价值、感觉、形式和功能这些因素对给用户营造一种体验为思考原则，如图3-3所示。

3.2 设计调查

3.2.1 设计调查的概念

设计调查是工业设计专业重要的一种设计方法。设计调查包含许多方法、实验，是指在产品设计开发之前以及在设计进展中进行的大

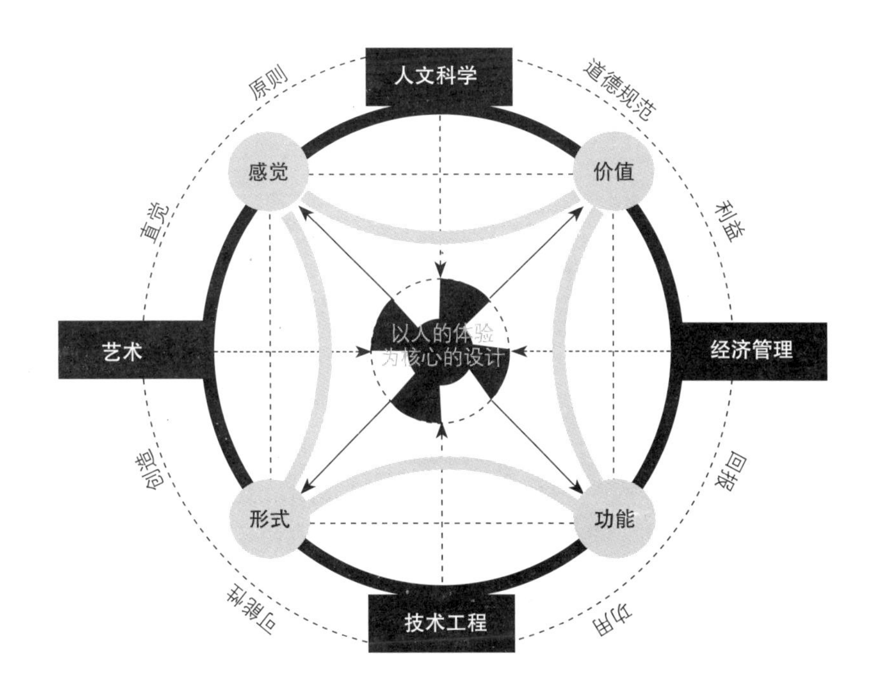

图3-3
工业设计工作和思维模式图（2）

量包括社会群体文化调查、价值观念调查、生活方式调查、产品的使用情况调查、用户操作特征、用户认知特性、市场调查等的工作。

一直以来，很多设计专业人员都以市场调查作为设计调查的工作内容而进行产品设计开发前期规划的调查，而实质上这两者是不同的。市场调查只是设计调查的一部分内容，市场调查是在市场营销、消费心理、统计学、经济学和社会学知识领域支撑下为企业的产品推广、客户服务和市场开发制定产品、价格、销售和广告策略；而设计调查涉及的知识领域更广泛，其调查对象不仅仅是市场调查的对象——消费者，还包括各种层面地使用用户。在设计调查过程中要运用多种方法，比如心理学实验方法、情景分析法、用户语境分析法、人机工学测试仪等，其目的是了解用户使用动机、分析用户使用过程、了解用户使用心理。

一个全面正确的设计调查能够保证设计在功能和形态语义上符合用户的认知心理、审美心理和使用习惯等特性。

3.2.2 设计调查步骤

不同的设计项目和不同的设计团队在进行设计调查时的步骤、方法和结果各不相同，取决于团队成员知识结构和能力经验，取决于设计项目的复杂程度。一般情况下大致可以从明确下面几个方面开始工作。

1.调查任务：明确调查的课题。

2.调查目的：明确调查最后是要为设计团队提供一个什么样的结果。

3.调查对象：确定显性和潜在的各类用户群体。

4.调查内容：根据具体课题的调查任务而定。

5.调查方法：针对不同的问题确定访谈、问卷、观察、实验等相应的调查方法。

6.调查的分类：将影响最终产品有关的因素，如技术、材料、价格、色彩、人机界面、操作方式、造型等进行分类，然后从这些相关因素出发进行详细的调研。

7.分析讨论：这是核心的工作任务，如何将大量的信息资料有效分析，获得最准确实用的设计信息，除了工作小组具备丰富的经验和较强的能力，也需要一系列的系统训练。比如如何作问卷调查分析，如何进行有效的访谈，如何进行使用者心理实验等。

3.2.3 设计调查的内容和方法

设计调查最主要的工作任务就是用户调查，对用户人群进行调查：包括用户使用动机、用户的价值观、用户的个人兴趣、用户的使用需求、用户人群的生活方式以及生活方式改变的趋势和原因、用户人群的审美观念以及审美观变化的趋势和原因、用户人群行为特性、操作使用特性、用户人群认知特性、用户的特殊情感等。所有这些调查的目的是发现产品针对用户人群对产品的功能需求、使用需求和心理需求，为产品开发设计提供各类有效信息。用户调查涉及动机心理学、认知心理学、社会心理学和实验心理学等学科。

设计调查的方法主要分为客观测试方法和主观测试方法两大类。

客观测试方法是对一些外在的行为进行客观观察、测量。一般采用一些机器、仪器在操作时间、操作速度、工作效率、出错率、视觉运动注意力、学习时间等方面进行定量分析；主观测试方法是对一些不可观察的内在非明显行为进行书面或口头的咨询。一般采用问卷调查、访谈等方式对用户的使用动机、用户感知和认知特征、用户的评价、产品的可用性等方面进行定性分析。定量分析倾向于找出工作中的错误以及一些隐性的问题，关注人们的生理和认知过程，帮助设计师理解产品对使用者在减少疲劳、减轻压力、避免伤害、简化工作程序等方面值得注意的地方。定性分析主要关注用户情感方面的内容，比如产品外观带给用户的感觉、产品的使用舒适性、不同品牌的产品带给使用者的心理安全感等方面进行评估测定。两种分析方法的结合开发出的产品往往能超越用户原有的期望值，给用户提供一种新的体验。

下面介绍几种比较常用的设计调查方法。

3.2.3.1 访谈

访谈是一种非常行之有效的调查方法。访谈对象可以分为专家访谈、新手用户访谈、偶然用户访谈和一般用户访谈。访谈的方式可以是面对面访谈、电话访谈，也可以是多人的小组访谈。在进行访谈之前设计团队必须明确工作目的，也就是说希望通过访谈获得什么样的信息。不同的访谈对象可以获取不同的信息。

专家对产品的使用、操作、结构、原理以及同行业发展背景和前景等信息都非常了解，通过和专家的访谈，能够了解行业全局情况、了解用户需求的发展、了解产品的研发、制造、技术等方面情况。专家的经验丰富，可以设置一些问题请教专家，比如产品开发的可行性问题、行业发展的预测问题等。如果是完全创新的产品开发，可以去访谈相关技术和相关领域的专家。一次有效的专家访谈可以使团队获得非常宝贵的产品开发相关信息资料。

新手用户缺乏对被调查产品的操作经验，往往采用生活经验、使用习惯或凭借自己的想象对新产品展开操作，所以在使用上存在操作预期心理。唐纳德·诺曼在《The Design of Everyday Things》一书中讲到，由于设计师没有针对人们在操作上的这种预期心理进行全面考虑，最终导致所设计的产品产生许多错误操作指导，尤其体现在人机交互界面操作问题上。在设计调查中应该充分考虑新手用户的因素，对新手用户进行产品模拟操作测试等，然后进行分析，设计出尽量让新用户减少学习时间和减少出错几率的产品。

一般用户是指介于专家和新手之间的用户，他们对产品已经经历了学习和认知过程，他们具有一定的操作经验，已经没有新手刚使用产品时的体会，基本上操作已经机器化了。比如使用一款具有很多复杂功能的手机，从开始认知阶段，到接下来磨合期的使用熟悉阶段，最后到熟练使用。这些用户对于产品的改良往往有比较多的想法。

偶然用户是指某些产品是必需品，但是在日常生活中并不经常使用，也就是说这些产品应该不需要花很长时间学习就能够很容易上手使用。比如机场的洗手间水龙头开关，新颖的设计让用户不知道是往上拉还是往下按、向左转还是向右扭，很多人在胡乱摸索或是旁人的指点下使用一次之后也就失去使用记忆，过了一段时间，当再次使用该产品依然会碰到同样的问题；还有像银行卡这些产品，偶然用户具有不同的年龄、不同的教育程度、不同的性别和地域差别，他们都是新手，差不多每隔一段时间使用，在使用时不需要操作记忆就能够顺利进行。通过对这些用户的调查往往能够提供给产品一个通用的设计信息。

3.2.3.2　观察

观察的主要目的是了解用户的行动特征；发现用户的出错操作；认识用户的使用负担，比如在操作学习、界面认知和体力上带给使用者的困扰；了解用户的各种行为目的；明确产品的哪些功能是符合或者不符合这些行为目的的；记录用户的操作过程，从中判断用户的操作预想；分析用户出错后的反应等。一般有实验室观察和现场观察两种方法。

实验室观察是指建立产品模拟使用的实验室，用户在各类假设场景的实验环境下，尝试各种操作功能，尝试完成各种任务过程，尝试从各种角度进行操作，由此来发现问题。

现场观察是指在实际工作场所对用户对象的操作进行记录、观察和分析。可以借助录像、眼动仪等机器来协助完成。

在进行某些观察时，可以要求用户进行边操作边叙述自己思维活动的有声思维方法，便于全面记录用户的使用思维活动，对于设计师理解用户使用状况非常有帮助。

3.2.3.3　问卷

问卷是获取用户人群整体抽样调查的一种方法，通过问卷设计出和课题相关的信息。问卷如何设置是系统性很强的一门学问，要考虑到问卷的有效性、可信度、全面性等因素。

大众化问卷可以采用现场和网络两种方式进行，大众化问卷的可信度存在一定问题，量化信息收集可以增加信度问题。

用户评价问卷是对产品的可用性、操作过程、使用者使用过程思维、使用后印象和评价等内容进行调查。

专家评价问卷是针对专家用户设计问卷得到产品的可用性评价调查。

3.2.4　设计调查的最终目的

设计调查是一种协助设计团队发现问题、分析问题的一种方法，最终是为设计团队提供对产品设计开发前期规划、对设计方案的发展有帮助的信息。所以通过一系列对用户的使用功能需求和心理需求、操作行为特征、认知特征的调查分析建立起用户预期产品框架，为设计团队提供设计依据。简单说设计团队必须明确长期艰辛的设计调查工作只是一个过程，最终希望获得详细结果是：

1.所开发产品的市场需求度，和目前市场已有产品相比的优劣势分析。

2.所开发产品的具体使用人群，这些群体的基本特征、价值理念、审美标准、行为习惯、生活方式怎样。

3.所开发产品的具体使用场所和环境怎样，它们和产品之间会形成什么样的相互影响。

4.所开发产品的使用方式怎样，用户在操作过程中会引起哪些问题。

5.用户群体期望的产品功能、形态语义和操作使用方式。

6.用户在使用旧产品时存在的心理反馈和思维模式；使用新产品时期望的心理反馈和思维模式。

……

每一个设计项目具体内容不同、目标用户不同、开发期望结果不同，所以具体设计调查的结果也是不同的。

3.2.5 设计调查报告案例

下面是一份关于“设计开发一种测量工具而进行的设计调查报告”的学生作业。

3.2.5.1 调查目的

通过调查了解影响测量工具的相关因素与内容，为测量工具的设计提供有用的信息数据。

3.2.5.2 调查步骤和方法

1.预调查

在设计调查正式问卷制作之前进行了两次文具产品销售商与使用者的预调查，目的是为问卷设计获得更加准确有用的相关因素信息。第一次预调查共调查25人，其中5名文具产品商店的售货员，5名办公室工作人员，13名在校学生，2名在职教师；第二次预调查共调查了15人，其中3名文具产品销售商，1名办公室工作人员，5名在校学生，3名在职教师，1名从事过文具产品设计的设计师，2名文具产品生产企业人员。

通过对文具产品售货员的访谈了解现有市场上测量工具有哪些特点、不同品牌之间产品有什么相似性和不同点、销售比较受欢迎和不受欢迎的产品分别是哪一些、原因是什么；通过对设计师的访谈对问卷的设置提出了一些合理的建议；而访谈测量工具的使用者，说明在日常工作生活当中他们的使用感受、在使用测量工具的过程中会遇到哪些情况和问题以及对于测量工具有什么特定的要求和预期。

预调查时首先根据设计团队对于课题的初步理解设置了第一份调查问卷让销售商、使用者填写，在他们填完问卷之后，询问是否理解问卷中涉及的内容，如果不理解或者需要经过解释才能理解的问题都及时记录下来作为正式问卷中改正的内容。通过预调查，对问卷中之前没有全面考虑到的和设计课题相关的因素作了补充；对问卷中不合理的问题和短时间内不能被受调查者理解的问题作了修改。

2.调查问卷设置

（1）确定影响产品的相关因素

通过预调查确定测量工具的功能、精确度、外观、使用、结构、维护、环保、可读性、存放等相关因素，然后将这些问题做成第一次调查问卷进行普及调查，见表3-1。

影响测量工具的因素表 表3-1

<table>
<tr><th>因素排列</th><th colspan="4">因素中细分内容的排列</th></tr>
<tr><th>因素名称</th><th>序号</th><th colspan="2">内容名称</th><th>内容的解释</th></tr>
<tr><td rowspan="7">功能</td><td rowspan="2">1</td><td rowspan="2">测量</td><td>长度</td><td>两个物体之间的距离（如直径、半径、厚度等）</td></tr>
<tr><td>角度</td><td>两个物体之间的夹角（如圆心角等）</td></tr>
<tr><td rowspan="3">2</td><td rowspan="3">绘图</td><td>直线</td><td>辅助完成直线的描绘</td></tr>
<tr><td>曲线</td><td>辅助完成曲线的描绘</td></tr>
<tr><td>几何图形</td><td>辅助完成各种几何图形的描绘</td></tr>
<tr><td>3</td><td colspan="2">计算</td><td>附带计算器功能</td></tr>
<tr><td>4</td><td colspan="2">记录</td><td>附记录数据的功能</td></tr>
<tr><td rowspan="6">精确</td><td>5</td><td colspan="2">刻度最小单位</td><td>可以精确到的最小单位</td></tr>
<tr><td rowspan="2">6</td><td rowspan="2">刻度印刷方式</td><td>印刷</td><td>常用于塑料材质</td></tr>
<tr><td>雕刻</td><td>常用于金属材质，并不易磨损</td></tr>
<tr><td>7</td><td colspan="2">环境因素</td><td>外界温度（热胀冷缩）、湿度（木头）对精确度的影响</td></tr>
<tr><td>8</td><td colspan="2">本身材料</td><td>抗磨损、变形能力</td></tr>
<tr><td>9</td><td colspan="2">人机关系</td><td>界面直观性</td></tr>
<tr><td rowspan="9">外观</td><td rowspan="4">10</td><td rowspan="4">材料</td><td>木头</td><td>美观实用</td></tr>
<tr><td>金属</td><td>坚固耐磨损</td></tr>
<tr><td rowspan="2">塑料</td><td>透明</td></tr>
<tr><td>不透明</td></tr>
<tr><td>11</td><td>造型</td><td>几何造型</td><td>直尺、卷尺、折尺、玩偶</td></tr>
<tr><td rowspan="2">12</td><td rowspan="2">颜色</td><td>明度</td><td rowspan="2">针对不同的使用人群将会有不同的明度艳度方案</td></tr>
<tr><td>艳度</td></tr>
<tr><td>13</td><td colspan="2">细节</td><td>倒角、曲面处理、可悬挂等放置方式</td></tr>
<tr><td>14</td><td colspan="2">图案</td><td>无、流行图案、卡通图案</td></tr>
<tr><td rowspan="5">刻度</td><td rowspan="4">15</td><td rowspan="4">字符</td><td>数字</td><td rowspan="4">数字居多，但个别产品会使用其他方式</td></tr>
<tr><td>中文</td></tr>
<tr><td>符号</td></tr>
<tr><td>图像</td></tr>
<tr><td>16</td><td>刻度</td><td>宽度</td><td>刻度与主体之间的比例关系</td></tr>
<tr><td rowspan="9">使用</td><td rowspan="2">17</td><td rowspan="2">操作</td><td>操作的便捷性</td><td>很少步骤实现功能、单手操作便捷性</td></tr>
<tr><td>是否容易操作</td><td>易学易用</td></tr>
<tr><td rowspan="4">18</td><td rowspan="4">收纳方式</td><td>平放</td><td>一般在20cm之内学生使用</td></tr>
<tr><td>折叠</td><td>一般用木材和金属刻度比较长的情况</td></tr>
<tr><td>悬挂</td><td>丁字尺之类的专业人士在固定场所用的长尺</td></tr>
<tr><td>弯曲</td><td>体积小、可测量数据大、便于携带和收放</td></tr>
<tr><td rowspan="3">19</td><td rowspan="3">读数方式</td><td>直接</td><td>直观地显示数据结果</td></tr>
<tr><td>间接</td><td>需要通过计算才能得出最后的数据结果</td></tr>
<tr><td>语音</td><td>通过语音报读得出数据，适合失明、年老、视力不佳者的通用设计</td></tr>
</table>

续表

因素排列	因素中细分内容的排列			
因素名称	序号	内容名称		内容的解释
使用	20	长度	便捷性	会采取一些其他的方式增强便捷性
			适用范围	专业人士、学生、普通用户
	21	可能出现问题		误读、收放功能失灵、弄脏工作台面、不易存放
结构	22	防变形		结实、结构合理、耐用
	23	防断裂		
	24	防止卡带		
	25	各部件是否紧凑		各个连接部件是否容易松动
维护	26	拆装		是否简易
	27	防划伤磨损		材料是否耐用
	28	弄脏表面		多为绘图工具
	29	使用损耗		一般情况下小学生平均一年更换一次
环保	30	材料		环保、健康
	31	回收		可方便回收和再利用

根据上述各项因素设置了第一份调查问卷，然后根据调查结果进行分析，重新对相关因素进行调整和细分，调整后的因素主要分为功能、精确、使用、外观、维护、环保、品牌。根据这些因素设置第二次调查问卷。

（2）确定第二次问卷内容

设计调查问卷设置有时候需要经过几次的修改才能完善，第一次是根据设计团队的直觉和经验罗列出和设计主题相关的影响因素，根据这些因素尽可能多地想出问题，然后对这些问题进行简单的排列分类。这样根据直觉和经验设计出来的问卷很容易忽略一些因素的考虑，或者容易使问题比例失调。所以第二次的问卷要根据第一次问卷反馈的意见整理之后，重新排列所有因素并对因素所包含的内容进行细分，根据最终的“小因素”进行提问，以下是对影响因素及相应内容的问题设定关系，见表3-2。

（3）与被调查对象的交流有效性

根据调查中遇到的问题团队进行了整理和分析。

表达是否准确。由于对测量工具的相关信息掌握得不全面，因此在与文具产品销售者交流时，对自己的想法表述得不准确，在对用户解释内容时出现一定偏差，引起误解。

对交流内容的考虑。这包括对“已知问题”和“可能出现问题”如何应对两个方面。在进行预调查时，我们没有对可能出现的问题进行预先的估计，出现访谈中突然不知如何提问的情况。

交流过程中对方的心情、状态。对方一边填问卷，一边做其他的事情，中途有事情打断调查，调查时不专心都会影响效率。

影响因素与相应问题的设定关系表　　　　表3–2

因素名称	因素内容		问卷中的问题考虑	设计中的考虑
1.功能	1.测量 2.绘图 3.计算 4.记录		测量工具的基本功能； 测量工具是否需要整合许多功能	用户最关心的是哪些功能
2.精确	（1）硬件	1）主体	用户对于材料和技术的关心程度	用户是否很在意材料的选择
		2）刻度		
		3）附件		
	（2）精确指标	1）最小单位	有多少用户需要最小的单位尺度是多少	大众化还是针对性设计
		2）数据显示	用户对直接/间接显示的欢迎度	如何提高效率和正确率
		3）人机界面	用户对界面的关注	使用舒适和科学
	（3）环境因素		用户在什么状况下会使用产品	适合各种具体环境
	（4）材料因素		用户对于材料、工艺和品质的关注	对环境保护和可持续发展的关注
	（5）个人因素		年龄、性别、工作性质、个人喜好等因素的影响	有针对性用户群体的设计
3.使用	（1）操作过程		各种群体的操作特征	操作便捷、简单、趣味
	（2）操作界面	1）显示内容	不同群体由于生理、心理等原因而要求的各种不同需求	通用
		2）显示方式		
	（3）收纳		是否有随身携带的需要（折叠、弯曲）	使用者对便携性的需求
	（4）读数		直接显示数据/通过计算获得	快速、便捷、通用
	（5）维护		是否方便重复使用、对小问题的解决方式的关注	便于保存、收取和使用
4.外观	（1）材料	1）木头	对材质的偏好	材质运用对美学的影响
		2）金属		
		3）塑料		
	（2）造型	主体、刻度、附件	简单的几何造型、曲面流线型造型等	用户群体的喜好
	（3）颜色	主体、刻度、附件	颜色对使用者情感的影响	用户群体的喜好
	（4）细节	主体、刻度	倒角、曲面等	用户群体的喜好
	（5）图案	主体、刻度	卡通、现代、抽象等	用户群体的喜好
	（6）表面工艺	磨砂、雕刻等各类处理	用户群体的喜好	不同表面工艺带来的直接使用效果（视觉、触觉）
5.环保	材料、工艺和技术	竹子、木头、金属、塑料等	用户群体的喜好	所使用的材料是否可环保
6.品牌效应		功能、工艺、材料、设计、品质、质量、售后服务、宣传	用户群体的选择	功能、工艺、材料、设计、品质、质量

交流环境。最终影响交流双方的心情。比如，天气很热，周围嘈杂，不断有人从旁经过等。

（4）进行有效的分析

对框架和内容的分析采用比较、判断的方法进行取舍或更改。在对问卷内容的调整上，更改用户不理解的问题，从使用者的角度去提问。对对象的分析，主要是从交流过程中对方的言语表达去判断对方所说话语的真实度，从他的填写态度判断问卷的可信度。

3.2.5.3　调查结果分析

调查对象：本次调查1000人，其中男性470名、女性530名，包括115名在校学生、38名在职教师、36名文具产品导购员。

问卷统计结果见表3-3。

问卷调查统计结果表　　表3-3

用户的功能选择偏向

	人数（人）	百分比（%）		人数（人）	百分比（%）
多功能选择	589	58.9	功能单一	301	30.1

精确的条件

	人数（人）	百分比（%）		人数（人）	百分比（%）
最小单位	159	15.9	数据显示	234	23.4
人机界面	892	89.2	环境因素	677	67.7
个人因素	198	19.8			

材料的选择

	人数（人）	百分比（%）		人数（人）	百分比（%）
木头	225	22.5	金属	116	11.6
新型材料	368	36.8	塑料	298	29.8

用户对造型的选择

	人数（人）	百分比（%）		人数（人）	百分比（%）
硬朗的简单几何造型	176	17.6	曲面流线型的造型	299	29.9
卡通动物造型	367	36.7	其他	149	14.9

用户对环保的关注

	人数（人）	百分比（%）		人数（人）	百分比（%）
经常	279	27.9	偶尔	478	47.8
从不	98	9.8			

3.2.5.4　调查工作总结

调查前期准备不够充分，对测量工具的了解不够全面，导致在作预调查时出现交流不畅的问题；对因素的分类与归纳不够清晰，哪些因素是应该列为调查内容的，哪些是不需要进行调查的，没有划分清楚，没有对列出的所有因素进行全面的调查。

3.2.5.5　最终调查问卷范本

被调查者信息

性别：□男　□女

年龄：□20岁以下　□20～30岁　□31～40岁　□41～50岁

□50岁以上

一、你对测量工具的认同度

以下是对测量工具的一些描述，请您按照认同度进行打分，认同度越高，分值越高。

例如：对于“可以随身携带”，你如果非常认同这个观点，就在“5”下打钩

可以随身携带	非常不认同	不认同	中立	认同	非常认同
1.测量工具功能丰富，具有计算器、记录 等功能整合	1	2	3	4	5
2.测量工具功能简单、单一，只有测量、绘图功能	1	2	3	4	5
3.操作简单，读数直观	1	2	3	4	5
4.在实用和美观两者中，认为实用要重于美观	1	2	3	4	5
5.在使用中可以直接得到测量数据	1	2	3	4	5
6.可以随身携带	1	2	3	4	5
7.可以实现单手操作	1	2	3	4	5
8.可以精确到很小的单位	1	2	3	4	5

二、你心目中的测量工具

1.你认为测量工具应选用的材料是

A.塑料　B.有机玻璃　C.金属　D.木头　E.其他

2.你认为哪些会是你购买产品时的考虑因素（可以多选）

A.价格　B.外观　C.品牌　D.功能　E.环保　F.其他

3.你认为理想的测量工具的造型是怎样的

A.硬朗的简单几何造型　B.曲面的流线型造型

C.卡通动物造型　D.其他

4.你认为测量工具理想的表面是（可以多选）

A.细腻磨砂感的塑料　B.透明半塑料感　C.光亮的塑料

D.烤瓷质感的塑料　E.亚光感的金属　F.镜面般光亮的塑料

5.你喜欢选择哪一种尺子

A.直板　B.折叠　C.卷尺　D.其他

6.日常生活中使用测量工具的频率

□经常　□偶尔　□从不

……

3.3 产品设计思维实践方法

设计思维方法是指在设计过程中对遇到的问题进行系统合理解决的方法。设计是艺术和技术相交叉的一门学科，所以其思维方式既需要逻辑思维能力，也需要抽象思维能力。

3.3.1 思维的分类

从思维技巧来分可分为归纳思维、演绎思维、批判思维、集中思维、侧向思维、求异思维、求证思维、逆向思维、横向思维、递进思维、想象思维、分解思维、推理思维、对比思维、交叉思维、转化思维、跳跃思维、直觉思维、渗透思维、统摄思维、幻想思维、灵感思维、平行思维、组合思维、辩证思维、综合思维等；从抽象性来分可分为直观行为思维、具体形象思维、抽象逻辑思维；从目的性来看可以分为上升性思维、求解性思维、决断性思维；从智力品质上划分可以分为再现思维、创造性思维。

思维方式在训练与应用的过程中并不需要严格区分，很多思维方式总是共同起作用，有些思维方式统一在某种思维方式之中。

在我国，对于孩子的教育方式有两种典型。一种是技能训练教育，也就是从小不断地强迫孩子学习数学、语文，做大量题目。这种方法见效快，能够在中国的教育制度下体现出高分优势，大量家长会选择这种方式。还有一种是素质教育，重在培养孩子的习惯、解决事情的方法、进行创造性思维训练。毫无疑问第二种方法教育是比较科学的，而且如果作一个长期的跟踪调查会发现在第二种教育方式下成长的孩子相比于前者来说，在到达一定的年龄，进入一定的工作环境后，后续的工作能力、能量是明显有很大优势的。这就是创造性思维训练、能力培养的重要性。

鉴于有相当部分的人都是在分数选拔制度下技能教育培训出来的，所以没有我们设计所需的创造性思维习惯。老子说：“授人以鱼，不如授之以渔，授人以鱼只救一时之及，授人以渔则可解一生之需。”所以接下来我们就讲述创造性思维方式的训练方法。

3.3.2 创造性思维方式

创造性是设计的重要内涵之一，而创造性思维是产生创造力的一种主要思维方式。创造性思维过程包含两种认知方式：发散性思维和收敛性思维。思维发散过程需要张扬知识和想象力，而收敛性思维则是选择性的，在收敛时需要运用知识和逻辑。发散性思维与收敛性思维在思维方向上互补、在思维过程中互补，是创造性解决问题所必需的方法。发散性思维向四面八方发散，收敛性思维向一个方向聚集。在解决问题的早期，发散性思维起到更主要的作用；在解决问题后期，收敛性思维则扮演着越来越重要的角色。创造性思维就是这两种思维方式的统一，由发散性思维搜索和创意可能的信息及构思，经由收敛式思维合理化缩小解决对策的范围，然后又对这些合理化的对策进行发散性思维展开创意和搜索，又由收敛式思维将解决对策缩小范围更加合理、具体化，一直到解决问题为止不停地多次循环。一般成年人善于运用逻辑分析，结果是失去了很多想象力；孩子想象力丰富，却不善于熟练地运用逻辑，结果收敛性思维不发展，也导致创造力受损。每一个人都有创造力，创造力和智力一样既有先天因素，也要经过后天的培养和训练，不同的生活环境和教育环境都会造成人们创造力开发程度的不一样。

3.3.2.1　发散性思维

发散性思维又称“扩散性思维”、“辐射性思维”、“求异思维”。它是一种从不同的方向、途径和角度去设想、探求多种答案，最终使问题获得圆满解决的思维方法。发散性思维在解决问题的过程中，不拘泥于一点或一条线索，而是从仅有的信息中尽可能扩散开去，不受已经确定的方式、方法、规则或范围的约束，并从这种扩散或者辐射式的思考中，求得多种不同的解决办法，衍生出不同的结果。发散思维包括联想、想象、侧向思维等非逻辑思维形式。发散性思维的特点是：充分发挥人的想象力，突破原有的知识圈，从一点向四面八方想开去，并通过知识、观念的重新组合，寻找更新更多的设想、答案或方法。例如，风筝的用途可以发散为放到空中去玩、测量风向、传递军事情报、作联络暗号等。

3.3.2.2　收敛性思维

收敛性思维是指在解决问题过程中，尽可能利用已有的知识和经验，把众多的信息逐步引导到条理化的逻辑程序中，以便最终得到一个合乎逻辑规范的结论。收敛性思维包括分析、综合、归纳、演绎、科学抽象等逻辑思维和理论思维形式。人们在实际生活中，最常用到的就是收敛性思维。尤其是中国的传统课堂教育教学方式，就是训练人们的收敛性思维，培养集中思考能力。从小到大我们接受成千上万次的考试和测验，目的就是要培养我们根据所掌握的信息资料得出正确结论的能力。但是在遇到问题和障碍的时候，惯性的集中思考往往无能为力，这就需要有意识地锻炼自己的思维能力，培养发散性思维习惯，用扩展思考解决问题。

3.3.3 创造性思维训练

设计思维方法是在设计过程中用于发现问题、分析问题和解决问题时所采用的手段，可以拓宽设计师思维深度和广度、提高设计成功率。在日常生活中，任何一个人都会有设计的创意和灵感。作为一名专业的设计师，单凭天赋和灵感是远远不够的。只有掌握正确的设计思维方法、进行系统的设计思维训练、在设计实践中灵活运用，再加上设计师个人的天赋，才能做到才思不穷。创新设计思维方法不胜枚举，在设计中可以经常应用到的思维方法有很多，比如头脑风暴法、思维导图法、列举法、类比法、情景描述法、SET因素分析法、价值机会分析法、逆向思维法、情报分析法、问题列表法、任务分析法、生活方式参照法等。

3.3.3.1 头脑风暴法

头脑风暴法（Brainstorming）是美国学者阿历克斯·奥斯本于1938年提出的。可分为直接头脑风暴和质疑头脑风暴法：前者是在专家群体决策基础上尽可能激发创造性，产生尽可能多的设想方法；后者则是对前者提出的设想、方案逐一质疑，发现其现实可行性的方法。这是一种集体开发创造性思维的方法。

头脑风暴法首先必须要确定议题、充分准备、确定人选、明确分工、规定纪律、掌握时间；然后要遵循自由畅谈、延迟评判、禁止批评、追求数量的原则；最后展开分析。

头脑风暴是一种技能、一种艺术，提供了一种有效的就特定主题集中注意力与思想进行创造性沟通的方式，无论是对于学术主题探讨、日常事务的解决或者设计，都不失为一种有效的方法。在我们日常设计工作中，头脑风暴法是运用最多的设计实践方法之一。

3.3.3.2 思维导图法

相对于头脑风暴方法而言，思维导图是一种更具有逻辑性的思维发散方法。思维导图法又叫“心智图”、“概念图”（Mind Map），是一种革命性地表达发散性思维的有效图形思维工具，协助人们在科学与艺术、逻辑与想象之间平衡发展，从而开发人类大脑的无限潜能。思维导图是一种将放射性思考具体化的方法，每一种进入大脑的资料，不论是感觉、记忆或是想法，包括文字、数字、符码、食物、香气、线条、颜色、意象、节奏、音符等，都可以成为一个思考中心，并由此中心向外发散出成千上万的关节点，每一个关节点代表与中心主题的一个联结，而每一个联结又可以成为另一个中心主题，再向外发散出成千上万的关节点。

逻辑性思维导图用在团队成员对于中心主题已经有一些了解，脑

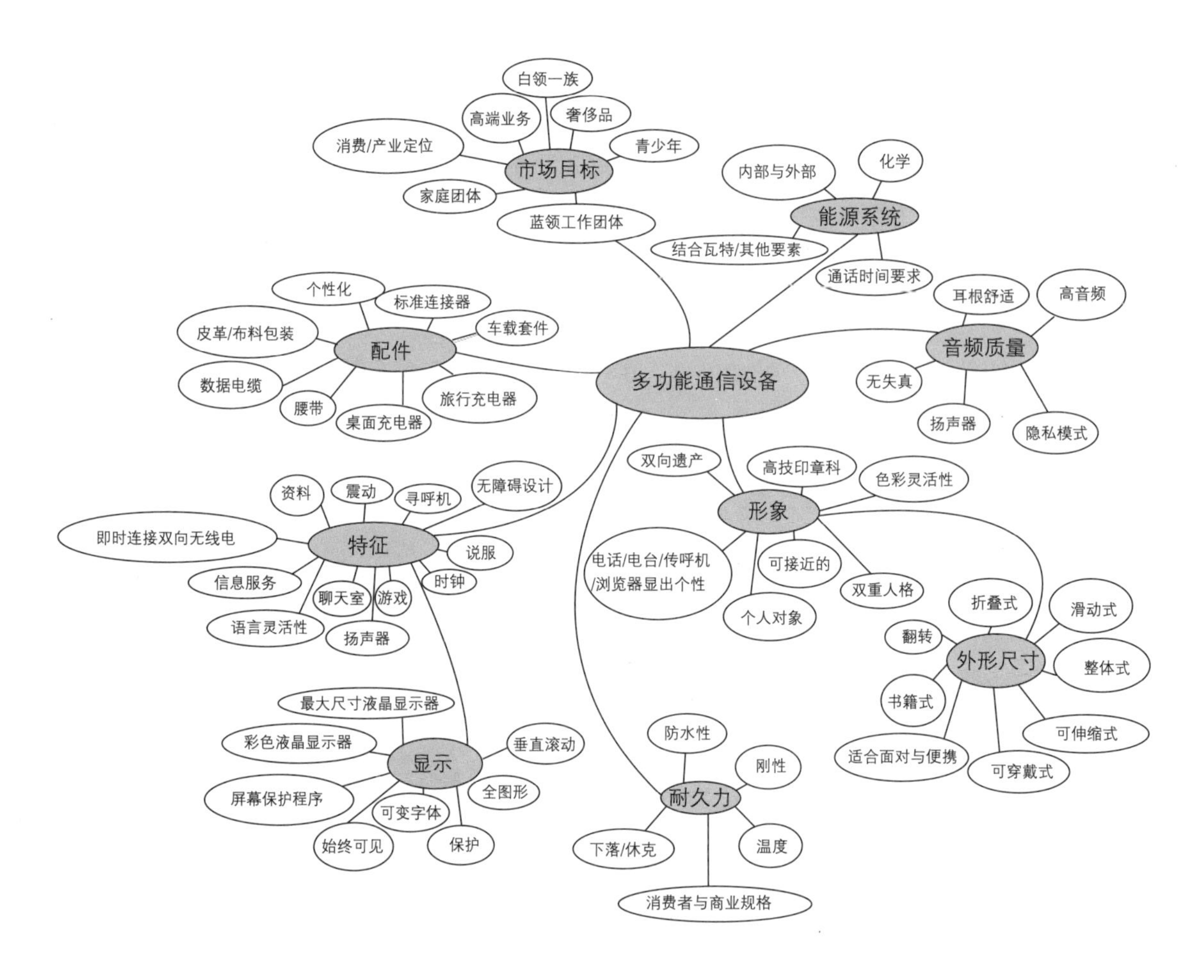

图3-4
以多功能通信设备为中心的思维导图

子中已经对这件事物有了一定的判断和分析的情况下，比如某些案例在解决方法构想过程中可以用这种方法。如图3-4以多功能通信设备为例的思维导图，将多功能通信设备分解成市场、能源、形象等九个要素，从这九个要素展开对这个产品解决方式的创意构想（此图译自《工业设计秘诀》）。

3.3.3.3　列举法

列举法是一种借助对一具体事物的特点、优缺点等从逻辑上进行分析并将其本质内容全面罗列出来，然后针对列出的项目提出改进的方法。列举法基本上有三种：属性列举法、希望点列举法及缺点列举法。另外，我们常听见的SAMM法、功能目标法等，都是列举法的延伸应用。

1.属性列举法：属性列举法是在创造过程中观察和分析事物的属性，然后针对每一项属性提出可能改进的方法，或改变某些特质（如大小、形状、颜色等），使产品产生新的用途。属性列举法的步骤是先列出事物的主要想法、装置、产品、系统，或问题的重要部分的属性，然后改变或修改所有的属性。在方法进行过程中，不管多么不切实际，只要是能对目标的想法、装置、产品、系统，或问题的重要部分能提出可能的改进方案就可以。

2.希望点列举法：希望点列举法是偏向理想型设定的思考，是透过不断地提出“希望可以”、“怎样才能更好”等的理想和愿望，使原本的问题能聚合成焦点，再针对这些理想和愿望提出达成的方法。希望点列举法的步骤是先确定主题，然后列举主题的希望点，再根据选出的希望点来考虑实现方法。

3.缺点列举法：就是逐一列出事物缺点的方法，是偏向改善现状型的思考，透过不断检讨事物的各种缺点及缺漏，再针对这些缺点提出解决问题和改善对策的方法。缺点列举法的步骤是先确定主题，然后列举主题的缺点，再根据选出的缺点来考虑改善方法。

3.3.3.4 设问法

5W2H设问法简单、方便，易于理解、使用，富有启发意义，广泛用于企业管理和技术活动中，对于决策和执行性的活动措施也非常有帮助，也有助于弥补考虑问题的疏漏。

1.WHY：为什么？为什么要这么做？理由何在？原因是什么？

2.WHAT：是什么？目的是什么？做什么工作？

3.Where：何处？在哪里做？从哪里入手？

4.WHEN：何时？什么时间完成？什么时机最适宜？

5.WHO：谁？由谁来承担？谁来完成？谁负责？

6.HOW：怎么做？如何提高效率？如何实施？方法怎样？

7.HOW MUCH：多少？做到什么程度？数量如何？质量水平如何？费用产出如何？

还有一种奥斯本创造设问法，又叫“奥斯本检核表”，原有75个问题，可归纳为转用、代替、改变、变位颠倒组合、扩增缩减、启发六类问题的九组。

1.扩展：对现有的产品（包括材料、方法、原理等）还有没有其他的用途，或者稍加改造就可以扩大它们的用途。

2.借鉴：对现有创新的借鉴、移植、模仿。

3.变换：对现有的发明在结构、颜色、味道、声响、形状、型号等方面进行改变。如美国的沃特曼对钢笔尖结构作了改革，在笔尖上开个小孔和小缝，使书写流畅，因此而成为第一流的钢笔大王。

4.强化：对现有的发明进行扩大，比如增加一些东西、延长时间、长度，增加次数、价值、强度、速度、数量等。奥斯本指出，在自我发问的技巧中，研究“再多些”与“再少些”这类有关联的成分，能给想象提供大量的构思线索。巧妙地运用加法乘法，便可大大拓宽探索的领域。

5.压缩：对现有发明缩小，取消某些东西，使之变小、变薄、减轻、压缩、分开等，这是与上一条相反的创新途径。

6.替代：现有的发明有代用品，以别的原理、能源、材料、元件、工艺、动力、方法、符号、声音等来代替。

7.重新排列：现有的发明通过改变布局、顺序、速度、日程、型号、调换元件、部件互换、因果等进行重新安排，往往会形成许多创造性的设想。

8.颠倒应用：比如保温瓶用于冷藏、风车变成螺旋桨、车床切削是工件旋转而刀具不动等都是颠倒应用创新的创新案例。

9.组合：现有的几种发明是否可以组合在一起，如材料组合、元部件组合、形状组合、功能组合、方法组合、方案组合、目的组合等。

3.3.3.5 类比法

根据两个对象都具有某些属性，并且其中的一个对象还有另外的某个属性而推断出另一个对象也有某个属性的逻辑方法叫作“类比法”。例如大发明家富兰克林曾把天空中的闪电和地面上的电火花进行比较，发现它们有很多特征相同，如都发同样颜色的光，爆发时都有噪声，都有不规则的放射，都是快速运动，都能射杀动物，都能燃烧易燃物等；同时又知地面上的电机的电可以用导线传导，由此推想天空中的闪电也可用导线传导，后来通过有名的风筝实验证实了这一点。也就是说 A有属性a、b、c，又有属性d；B有属性a、b、c，所以，B也有属性d。类比法分为：拟人类比、直接类比、象征类比、因果类比、幻想类比、对称类比，以及综合类比等。

1.拟人类比法就是在进行设计创新活动时，将被设计对象拟人化，而设计师本人则成为被设计的对象，借此开拓思路、获得灵感。

2.直接类比就是将被设计对象直接和类似的事物和现象进行对比，由此获得科学合理的创新思路，一般在仿生设计中运用比较多。比如仿照鸟类展翅飞翔造出了具有机翼的飞机，类比蜻蜓翅膀能承受超过其自重许多倍的重量研制出超轻的高强度材料，用于航空、航海、车辆，以及房屋建筑。

3.象征类比是一种借助事物形象或象征符号，表示某种抽象概念或情感的类比，有时也称“符号类比”。这种类比可使抽象问题形象化、立体化，为创意问题的解决开辟途径。

4.幻想类比是在创意思维中用超现实的理想、梦幻或完美的事物类比创意对象的创新思维法。

5.因果类比是指两个事物的个体之间可能存在着同一种因果关系的类比方法。根据一个事物的因果关系，推测出另一事物的因果关系。例如在合成树脂中加入发泡剂可以得到质轻、隔热和隔声性能良好的泡沫塑料。利用这种因果关系在水泥中加入一种发泡剂就发明了既质轻又隔热、隔声的气泡混凝土。

6.对称类比是根据自然界中有许多事物都有的对称特点来进行类比。

7.综合类比是指对综合事物属性之间的相似的特征进行类比。

3.3.3.6　逆向思维法

逆向思维法是指为实现某一创新或解决某一因常规思路难以解决的问题而采取反向思维寻求解决问题的方法。可以分为反转型逆向思维法、转换型逆向思维法、缺点逆向思维法。1820年，丹麦哥本哈根大学物理教授奥斯特通过多次实验证明存在电流的磁效应。英国物理学家法拉第怀着极大的兴趣重复了奥斯特的实验。他想既然电能产生磁场，那么磁场也能产生电。于是他从1821年开始做磁产生电的实验，经过无数次失败，十年后，法拉第设计了一种新的实验，他把一块条形磁铁插入一只缠着导线的空心圆筒里，结果导线两端连接的电流计上的指针发生了微弱的转动，电流产生了。1831年，他提出了著名的电磁感应定律，并根据这一定律发明了世界上第一台发电装置。如今，他的定律正深刻地改变着我们的生活。法拉第成功地发现电磁感应定律，是运用逆向思维方法的一次重大胜利。

3.3.3.7　SET因素分析法

Jonathan Cagan和Craig M.Vogel在《创造突破性产品》一书中提出SET因素分析法来获取产品机会缺口。

SET因素中“S”是指社会因素（Social）、“E”是指经济因素（Economic）、“T”是指技术因素（Technological），SET因素分析是通过分析这三个方面的因素识别出新产品开发趋势，并找到匹配的技术和购买动力，从而开发出新的产品和服务。SET因素主要应用在产品机会识别阶段，通过对社会趋势、经济动力和先进技术三个因素进行综合分析研究。

1.社会因素：社会因素主要是在文化和生活中存在的各种因素，包括家庭结构、工作性质、健康指标、运动和娱乐业的影响、电影电视等的传媒影响、图书杂志等的影响、国家制度、教育体制等。

2.经济因素：经济因素主要是指消费者拥有的或者希望拥有的购买能力，称为“心理经济学”。经济因素受整体经济形势的影响，包括国家的贷款利率调整、股市震荡、原材料消耗等因素。在经济因素中开发团队在寻求机会缺口时比较关注的还有谁挣钱、谁花钱、挣钱的人愿意为谁花钱等因素，随着社会因素的改变，人们的价值观、道德观、消费观的改变，经济因素也在变化。

3.技术因素：技术因素是指新技术、新材料、新工艺和科研成果

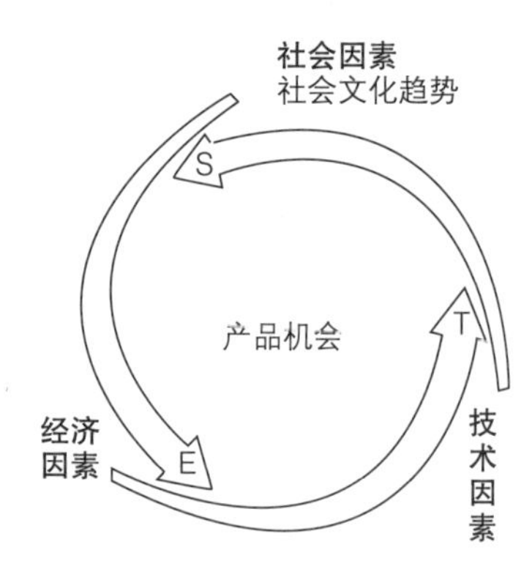

图3-5　SET因素框架图

等因素。技术因素是一项创新产品开发的强大动力，世界上许多非凡的有创造力的如计算机技术、网络技术、基因研究成果等完全改变了人类的生活方式，如图3-5所示。

以美国科朗叉车设备公司（Crown Equipment Corporation）开发的工作辅助车Wave（Work Assist Vehicle）升降车为案例。美国科朗叉车公司为大型仓库、麦德龙和汤姆会员店之类的大型仓储商场生产起重设备，尤其是以电池为动力的起重设备占有了很大的市场份额，如图3-6～图3-8所示。

当时公司执行副总裁Tom Bidwell是一个曾经在仓库做过搬运工的工人，他了解仓库工人在装卸货物时的难度，尤其是随着新仓储形式的出现，货物通常被储藏在狭窄的通道里，货物储藏空间纵向发展使得工人们重复性的工作压力增大、意外受伤的情况日益增多。Tom Bidwell和设计师Dave Smith首先从社会、技术和经济的SET因素分析获得了一个最佳的产品机会缺口开始，如图3-9所示。

3.3.3.8　价值机会分析法

Jonathan Cagan和Craig M.Vogel在《创造突破性产品》中还提到一种测试评估方法叫“价值机会分析法”，是非常方便、有用的筛选评估方法。

产品价值是由顾客需要、产品的功能、特性、品质、品种与式样等属性决定。经济发展不同时期，顾客对产品的需求不同，构成产品价值的要素以及各种要素的相对重要程度也会有所不同。在经济发展的同一时期，不同类型的顾客对产品价值也会有不同的要求，在购买行为上显示出极强的个性特点和明显的需求差异性。总之产品带给用户的体验越符合用户的需求甚至超出用户的心理期望，产品就越有价值。对价值机会的分析一般包括情感、人机工程学、美学、产品个性、影响力、核心技术和质量方面。一般价值机会分析法应用在方案评估上，如图3-10所示。

3.3.3.9　情境故事法

情境故事法就是创造一个典型用户在产品使用活动中的场景，然

图3-6　Wave升降车（左）
图3-7　工作状态的Wave升降车（1）（中）
图3-8　工作状态的Wave升降车（2）（右）

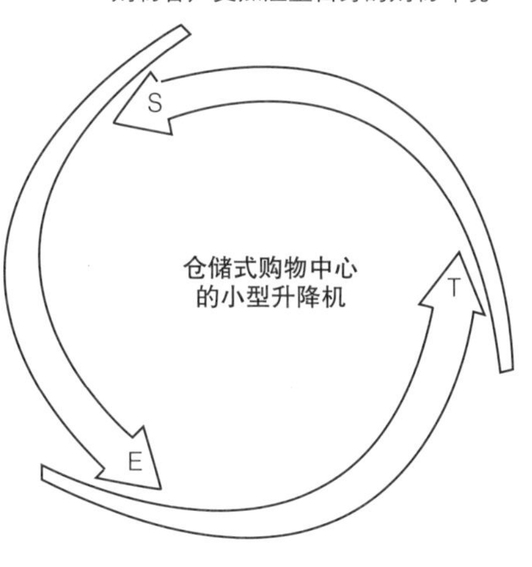

图3-9
Wave升降车SET因素寻找机会缺口

		低	中	高
情感	冒险 独立 安全 感性 信心 力量			
人机工程学	舒适 安全 易用			
美学	视觉 听觉 触觉 嗅觉 味觉			
特性	适时 适地 个性			
影响	社会的 环境的			
核心技术	可靠性 可用性			
质量	工艺 耐用性			
利益效应 品牌效应 可扩展性				

图3-10
价值机会分析框架图

后描述出一小段故事，主要目的是要说明缺乏相关产品会给用户带来哪些问题。情境故事法是应用在许多教学、科研、开发领域的一种很实用有效的方法，国外院校的工业设计专业和许多设计机构都采用这种方法进行前期的概念开发工作。情境故事法的主要目的是把产品针对的用户群体、群体特征、产品使用场所和环境、产品想要解决的问题等用比较生动的讲故事的方法描述出来。一般用文字描述和插画故事板的方式表现。情境故事法比较忌讳的是设计者为了对自己所设计的产品自圆其说，于是生搬硬套地编出一个迎合这个产品的故事，这样做的结果就完全违背了使用情境故事方法的目的和初衷。

情境故事应该描述的相关内容为以下方面。

1.目标用户：产品给谁用?

2.用户需求：产品干什么用的?

3.使用时间：产品在什么时候用?

4.使用原因：人们为什么要用它?

5.使用环境：在哪里使用?

6.使用状况：怎么用?

还是以美国科朗叉车设备公司（Crown Equipment Corporation）开发的工作辅助车Wave（Work Assist Vehicle）升降车为案例，来说明他们是怎样在设计开发过程中，一步一步展开情境故事描述的。

“Mike是大型仓储商场山姆会员店的一名员工，他的工作任务是将各类货物堆放在高高的货架上，客户需要时又帮助他们将货物从货架上取出送往收银台。每天重复这些堆放和取货的工作让他精疲力竭，需要平板车在仓库间的通道里移动，摆到高处时用梯子帮助，有时候货物很重，很容易就扭伤了身体或者甚至从梯子上摔下来。”

在这个故事中，我们不知道解决Mike困难的方法，但我们可以很明确有很多像Mike这样的工人每天面临着这样的问题。这时候的故事描述比较简短。一个初期的故事情节设想完成之后，下一个任务就是再次对这个机会缺口进行深入的设计调查，了解用户活动的细节，如用户的使用需求、用户的审美、用户群体的特点等。

第一次的故事描述帮助我们确定用户目标，从而展开对这个用户群体的设计调查和任务分析，并且利用生活方式参照、人机因素分析等方法进行研究分析，根据这些研究的结果我们可以对一些用户细节、产品使用环境、产品使用背景等进行更深入的故事描述。

“Mike是大型仓储商场山姆会员店的一名员工，今年40岁，家里有妻子和三个孩子，全家的生活全部依靠他的收入来维持。Mike的工作任务是不停地将各类货物堆放在高高的货架上，客户需要时又帮助他们将货物从货架上取出送往收银台。狭窄的货物通道在平板车移动

时既特别费力，又需要很小心以防损坏货物或者擦刮到路边的顾客。把货物运到高层货架时需要用梯子帮助搬运，有时候货物很重，在上下梯子时很容易就扭到腰或者从梯子连人带物摔下来。前几天Mike的同事Sam因为长期疲惫工作不小心连人带货从5米高的梯子上砸下，如今还在医院就诊，业主一方面要支付高额的赔偿和保险压力，另一方面要抓紧时间重新招聘人员也压力很大。所幸Sam是一个单身汉，没有家庭负担；Mike压力很大，因为他经常在想，万一自己出事了，妻子和孩子们怎么办？排除这些因素，Mike感觉工作心情很糟糕，一方面是体力劳动的透支，另一方面每次当他推着平板车装卸货物的时候，轰隆隆的车轮声和让人生厌的让顾客让道的警报声让他不仅自己觉得厌烦，而且每当这时他能看见顾客脸上厌恶地躲避平板车的表情使他觉得自己影响了顾客购物的好心情而很内疚。”

故事中明确了主人公的家庭背景、工作环境、具体操作以及引起的相关问题、与其相关的业主情报等问题，设计团队到目前为止也已经非常清楚所需要解决的问题是什么。接下来的故事是对目标产品的描述：

“Mike觉得他非常需要一件可以帮助水平和垂直移动货物的机械装置，它应该是小巧的，在移动时一方面不会有很大噪声，另外再狭窄的空间移动时也很方便；它操作起来应该很容易，不需要花太多时间学习，尤其像他们这些同事，很多文化程度不高，所以不要用太复杂的方式操作和学习；无论是将货物在平地上挪移，还是放置到高货架上，它应该是让操作者感到安全而且省力的工具；在生产成本上不要太高，这样业主才会考虑给每一个员工配备……”

情境故事描述方法一般应用在机会概念具象化之前，根据这个故事，设计师脑海中已经有非常明确的形象了。

3.3.3.10　任务分析法

任务分析法是指把解决问题的过程分解成每一个步骤并记录下来，最后绘制出流程图。其目的是帮助整理和模拟过程信息，由此发现使用者在某些关键步骤所需要的产品支持，或者所开发的产品在某个动作节点体现出来的一些对设计有帮助的细节信息；另外，任务分析用在通用设计里，采用障碍使用和正常使用对比，通过记录有生理障碍使用者的使用过程和正常人的使用过程，发现他们之间什么行为是一致的、什么行为是不同的、什么动作可以避免他们的障碍，最后可以总结出免除障碍的设计方案，而这种设计方案对于正常人来说也是效果很佳的通用设计。不同的人以不同的方式完成任务，对他们不同的实施步骤进行分析、归类，以减少完成任务所需的步骤、提高每一步骤的效率、简化每一步骤的难度为目标进行任务重新设定。

如Crwon Wave开发团队在前期对产品的机会缺口进行了描述并且发展了一个简单的故事场景。接下来开发团队可以针对故事主人公Mike平时操作的过程进行任务分析，如图3-11所示。

通过对用户的工作观察和任务分析我们可以得知Mike每天要重复大量的类似活动，而往往需要在卸货、上下楼梯任务过程中需要其他工人的配合，在任务过程中也出现大量的失误操作而引起的任务终止或者增加额外补充任务来完成既定的任务目标，比如上下楼梯货物没有放好，人或者货物的跌落等，需要重新调整再进行工作。

接着对新产品设想任务步骤进行描述，与前一次的任务图进行对比，了解新设计的优势，如图3-12所示。

3.3.3.11　生活方式参照

生活方式参照用来预测某一时期的社会群体对某种事物的崇拜、他们所期望的产品质量及产品使用的背景和环境。这其实也是对社会因素作单独具体分析来获得产品设计的参照信息。比如汽车设计部门在开发某款新车时会在工作室中播放目标用户喜欢的音乐；摆放目标用户使用过的产品营造一个用户空间；在墙上贴上各种用户喜欢的杂志、时装、美食、运动、旅游等体现目标用户生活方式的图片等以期在音乐、色彩、造型等方面给设计师提供一种和目标用户最贴切的感觉，如图3-13所示。一个完全创新的典型案例是1998年托德·M·格林创造设计的

图3-11（上）
任务分析
图3-12（下）
对新产品设想任务步骤进行描述

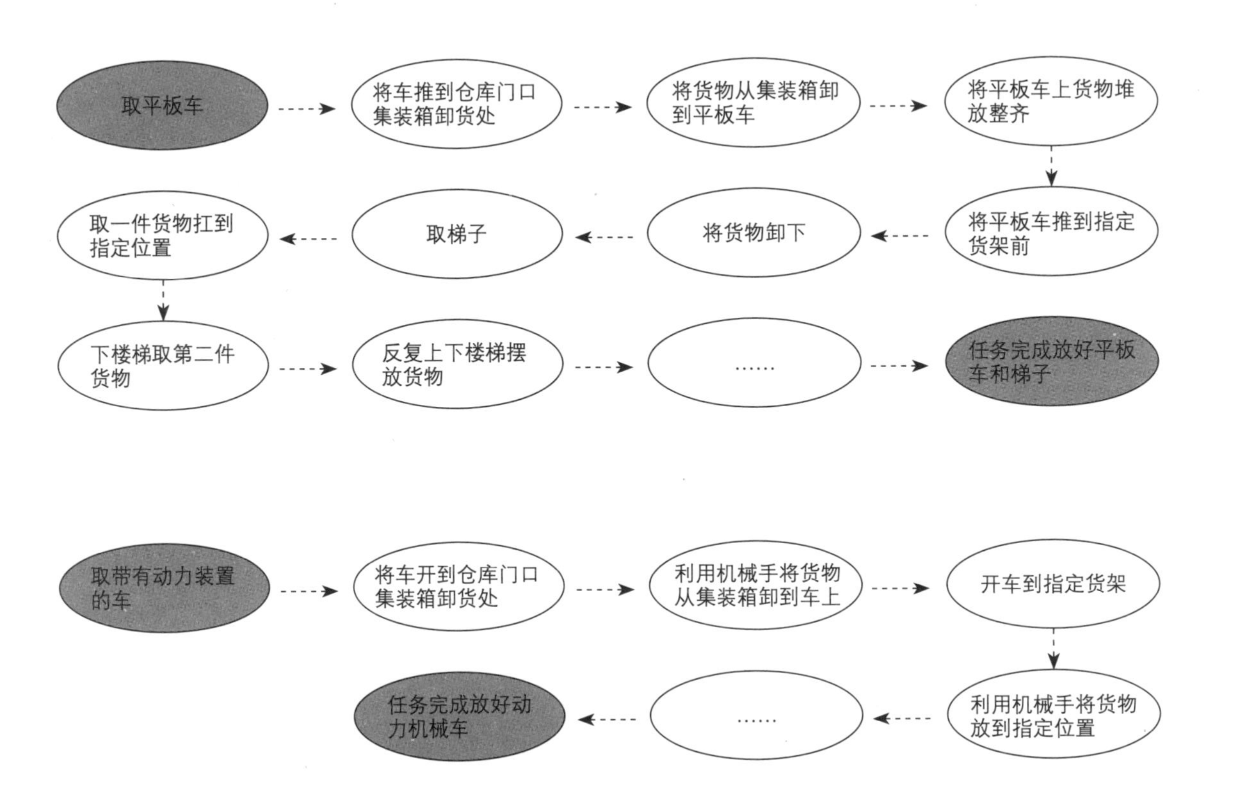

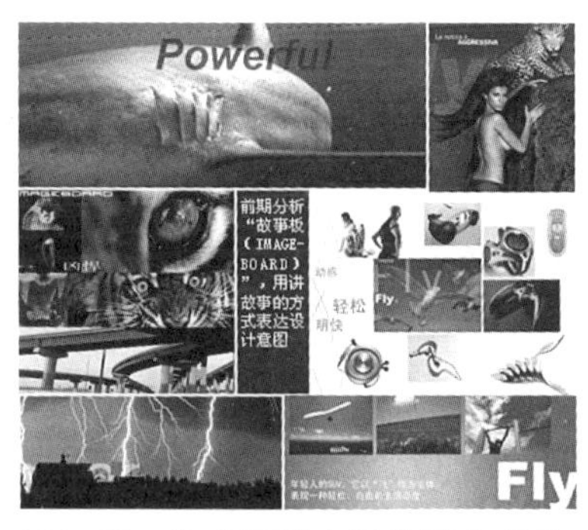

图3-13　汽车研发小组生活方式参照图

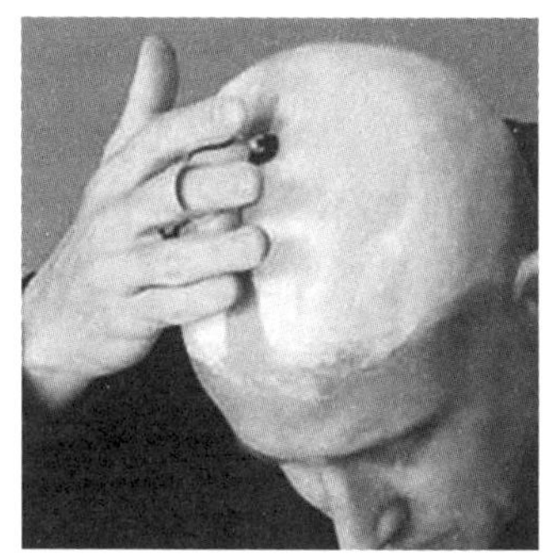

图3-14　HEAD BLADE

Head Blade剃刀。设计师源于自己在刮胡子、剃头时无法找到一款合适的产品。在经过设计调查后发现在市场上存在一个相当大的缺口，那就是当时被称为“新生代”或“X一代”的年轻人酷爱平头和光头，而市场上没有任何一款合适的产品存在。于是设计师开始针对这群目标用户展开设计。他当时采用的方法之一就是生活方式参照，他把和新生代光头族相关的种种问题根据主题、色彩进行随机拼贴，贴在工作室作为设计参考。最后开发研制出非常符合“X一代”的审美、价值、功能和造型需求的Head Blade光头剃刀，如图3-14所示。

3.3.3.12　机会筛选矩阵图

机会筛选矩阵图是通过将理想产品的合理因素作为矩阵列，将参选方案作为矩阵行来对众多方案进行筛选的一种方法，用于各阶段的评估测试，如图3-15所示。

3.3.3.13　用户心理分析法

设计心理学是运用心理学的理论知识和实验方法对所设计的产品和使用产品的用户进行分析以获得满足用户生理和心理需求的产品设计依据的一门方法学。设计心理学所涉及的理论知识和所应用的实验方法内容非常广泛而且灵活，需要在设计实践中根据具体的案例进行具体的分析和应用。一般来说，可以从产品的“易用性”和“喜用性”两个方面来对用户进行分析。易用性就是指产品是好用、方便用的；喜用性是指产品是让用户发自内心喜欢的。易用性可以从分析用户对产品的认知度、学习难易度等方面展开；喜用性可以从分析用户对产品的情感比如用户的审美观、价值观、生活方式、情感记忆等方面入手。用户心理分析是一个相对比较感性的研究方法，一般采用观察、访谈、调查等方式，而且要经过大量的数据对比而得出，这是一种主观实验分析法。另外也有较为科学和理性的客观实验分析法，利用眼动仪、行为观察仪等仪器观察受试用户在和受试产品进行互动时用户的反应，根据这些反应来分析产品的问题所在。

各因素的评比标准	重要度	机会、方案等参评对象 1号	2号	3号	4号	5号	6号	……	N号
时间和财力资源	3	2	1	3	3	3	1	2	1
开发有用、好用和希望拥有的产品的可能性	2	2	1	2	2	1	1	3	1
潜在的市场规模	1	1	3	1	3	1	2	2	1
潜在的创造力	2	2	2	2	3	3	1	3	2
团队成员的潜在贡献	3	3	3	1	3	2	3	3	3
总计		24	21	21	31	24	18	29	19

图3-15　机会筛选评价表

设计心理学是一门专门的基础学科，需要在不断积累和实践中得到经验和提高。

【思考和练习题】

1.制作一份设计调查报告。

2.选一件工业设计史上比较著名的设计作品，用SET因素分析法分别对作品产生时代的社会、经济、技术因素和当下的社会、经济、技术因素进行分析，比较两者获得的产品机会缺口。

3.分别对本章第三小节中出现的设计实践方法进行实践练习。

第四章　产品设计开发实践案例解析

4.1　产品设计开发课程案例解析

课程后的设计训练着重学生对设计程序和实践方法的练习和理解，通常让学生选择比较开放而且相对不太复杂的课题。在进行这样的设计课题之前，需要对市场的缺口有广泛的调研，在设计团队达成共识的基础上深入某一领域进行更为细致的分析和调研。这种课程练习，需要一边分析一边和团队成员及指导老师进行不断研讨，在得到继续前进的信心后进行更深入的工作，这种设计程序和实践方法通常适用于创新型设计课题。

案例一　课题名称：文具设计与突破

设计团队：陈燕、朱珏敏

指导老师：章俊杰

1.设计程序导图（图4-1）

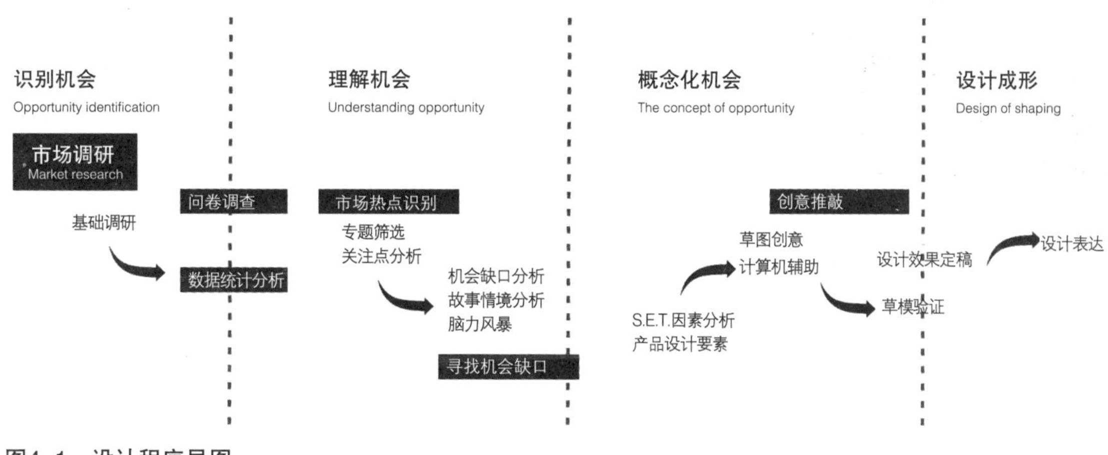

图4-1　设计程序导图

图4-2　无印良品日用品店

图4-3　启路文具

图4-4　再生活

2.识别机会

（1）文具市场调研

1）调研目的

通过客观深入的市场调查和科学严谨的统计分析，充分了解市场找出现有的文具产品所具有的特性和优势，掌握文具市场的供求空间和价格走向以及目标客户对文具的功能、外形、色彩、创新等设计的喜好和其价格定位。同时发现其中存在的问题以及同类产品中的设计空缺，明确项目定位，并加以创新改进，设计出市场能够接受并且真正需要的产品。本次调研以掌握文具市场的发展动向为主要目的，从目前市场的动态和目标客户的需求中找到设计的突破口，从而设计出一款有创新意义的人性化产品。

2）调研内容

市场的各类文具的销售情况及形成原因。

3）调研地点及结果（图4-2～图4-4）

无印良品：设计制造平实好用的商品，“平实”并不意味向品质妥协，而“好用”更是以高水准制品为目标。

启路文具：销售品牌系列文具的代表，优质、耐用、设计感较强。

再生活和青山生活馆：设计简洁大方、形式朴实、讨巧并带点趣味感，产品优化了生活质量，受到消费者青睐。

文化用品市场：各类新奇文具的聚集地，以繁多的种类、低廉实惠的价格成为消费者最经常采购文具的地点。

4）调查表数据统计

网络问卷调查（调查407人）

关于文具市场的调查问卷

您的性别是?

A.男

B.女

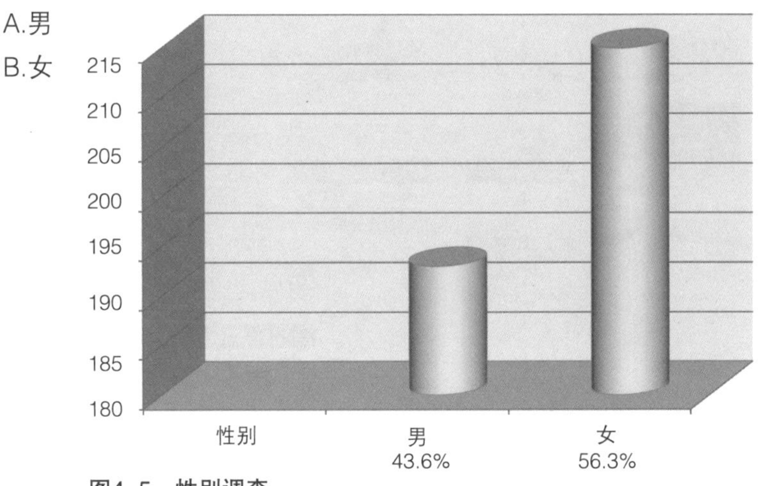

图4-5　性别调查

您的年龄是?

A.5~15

B.15~25

C.25~35

D.35以上

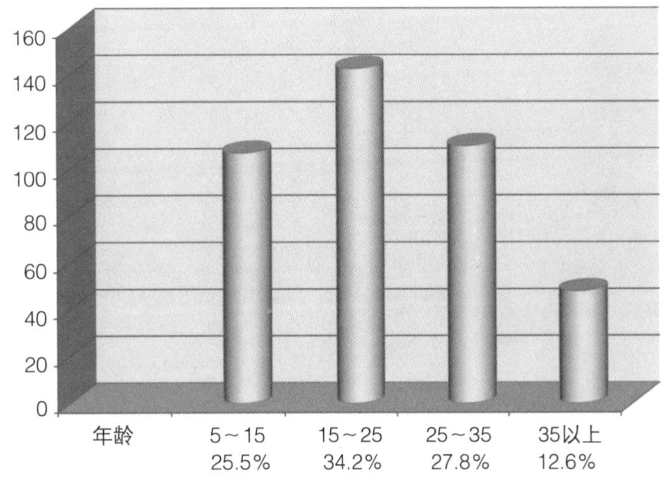

图4-6 年龄调查

您购买文具的动机是什么?

A.学习必需品

B.办公必需品

C.看着有趣一冲动就买了

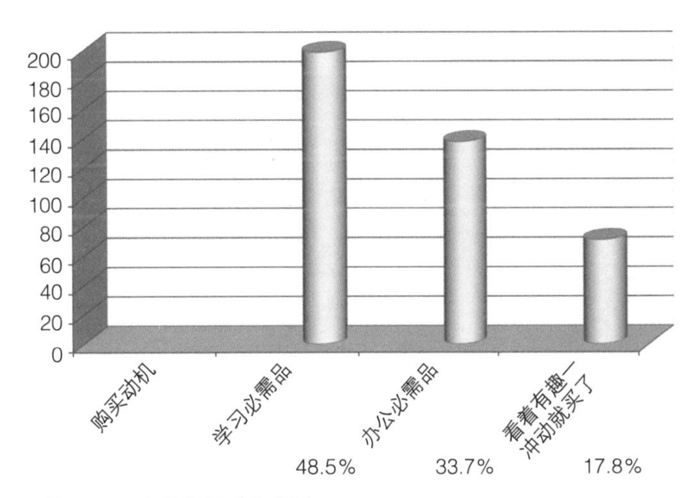

图4-7 购买文具动机调查

影响您购买文具的关键是什么?

A.使用价值

B.价格

C.造型

D.趣味性

E.环保价值

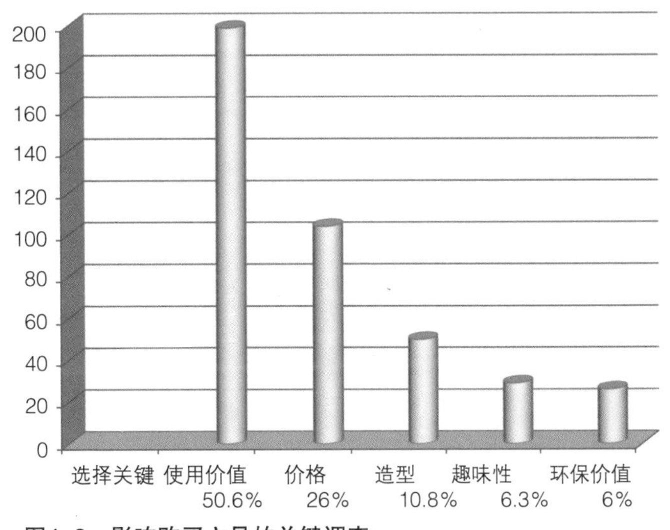

图4-8 影响购买文具的关键调查

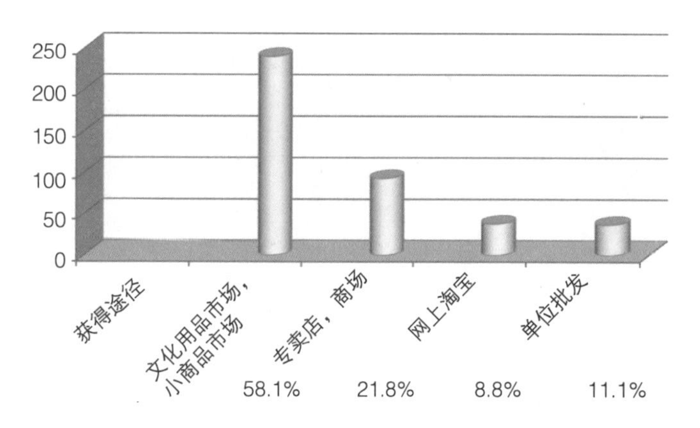

图4-9 购买、获得文具的途径调查

购买、获得文具的途径是什么?

A.文化用品市场、小商品市场

B.专卖店、商场

C.网上淘宝

D.单位批发

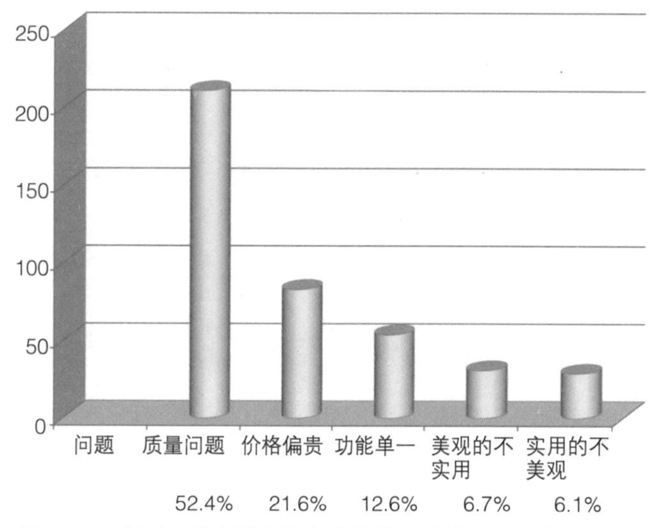

图4-10 市面上的文具产品存在的最严重的问题调查

你认为市面上的文具产品存在的最严重的问题是什么?

A.质量问题

B.价格偏贵

C.功能单一

D.美观的不实用

E.实用的不美观

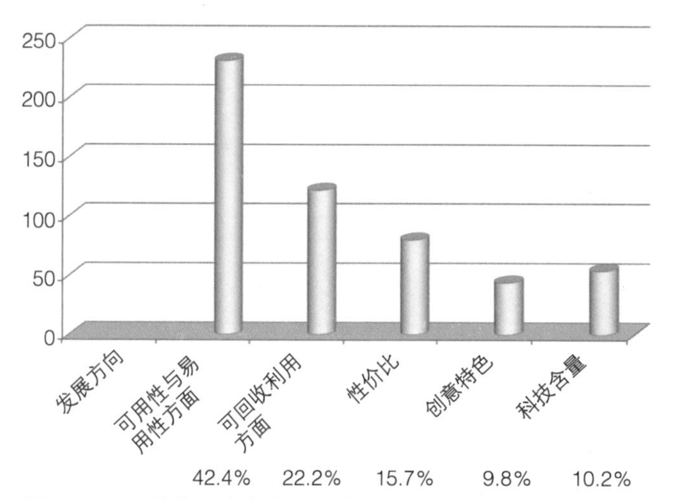

图4-11 文具产业未来的发展或改进方向调查

您认为文具产业未来应该向哪些方向发展或改进?

A.可用性与易用性方面

B.可回收利用方面

C.性价比

D.创意特色

E.科技含量

您是否关注文具的品牌?
A.是
B.从不
C.偶尔

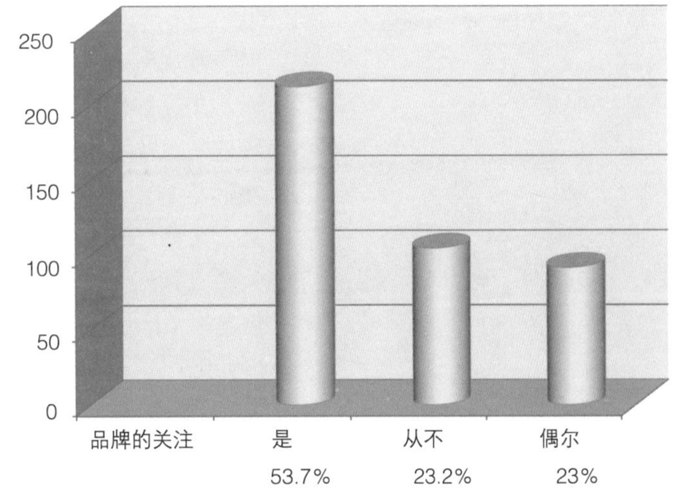

图4-12　文具品牌关注度调查

5）调查表数据比对

① 女生会更喜欢购买文具，她们经常买新的文具并不一定是因为旧了用完或坏了无法使用，这和男女生性格有关。

② 调查人群中15～25岁的年轻人较多购买；人群35岁以下人群的购买不相伯仲，这类人群大都有一定经济能力，并且处于一生的学习黄金阶段。

③ 文具主要用来办公与学习，是日常生活的必需品。

④ 文具的使用价值最高，并不是一件只用来观赏的摆设。随着中国经济不断发展，应当倡导人们更注重环保价值。

⑤ 去小商品市场买文具便捷，文具价格适中。

⑥ 虽然市面上的文具大都很便宜，但性价比很低，很多产品功能丰富，也很美观实用，但质量存在很大问题。

⑦ 文具都具有其特有的使用价值，因此人们对于文具最注重的还是实用功能。

⑧ 50%以上的人关注品牌，品牌的文具往往质量优，企业形象好，受人们的信任。

6）调研分析

从销售情况看，文化用品市场依然是文具销售的核心场所，而随着经济的发展，生活水平的提高，文具用品多元化，多层次的消费结构已经形成，向着高档产品发展。这也是无印良品日用品品牌较好的销售情况以及启路文具品牌系列不断入驻的原因。事实证明好的设计是能深入人心的，这便为产品提高了其价值，让消费者乐意接受。

① 文具自身的实用性非常重要。

② 在设计的同时注重把对象集中在年轻人身上，发展空间很大。

③ 设计的文具应注意成本（材料、工艺）。

7）扩展分析

① 大多数现有文具人性化的不足，产品对于使用者的关注不全面。文具的使用频繁，人们已习惯于适应，对于使用习惯的改进所能做到的产品少之又少。

② 外形与功能的契合不足。很多产品的外形未附之于功能之上，大多为形式主义，环保意识薄弱。

③ 大多文具还处于一次性的使用状态。虽然它们是可替换的，但是在实际使用中人们已习惯了一次性消费。

3.理解机会

（1）在市场调研基础上寻找产品机会缺口

1）脑力风暴（图4–13）

2）热点分析

优盘：快捷生活；

鼠标垫：多样喜好；

订书机：方便使用。

3）将关注点锁定在订书机，展开进一步分析

● 相关案例——精确订书机分析

MUJI AWARD 03 的铜奖作品，来自韩国的 Joonhyun Kim，作品名字叫作“A Precise Stapler，精确订书机”。在订书机上做了一些导引槽，可以让使用者很精确地装订，如图4–14所示。

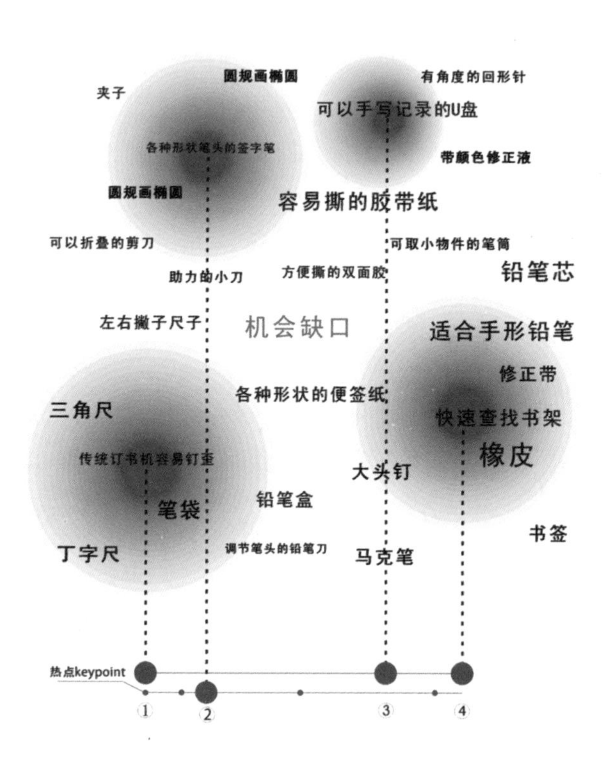

图4–13 市场热点识别

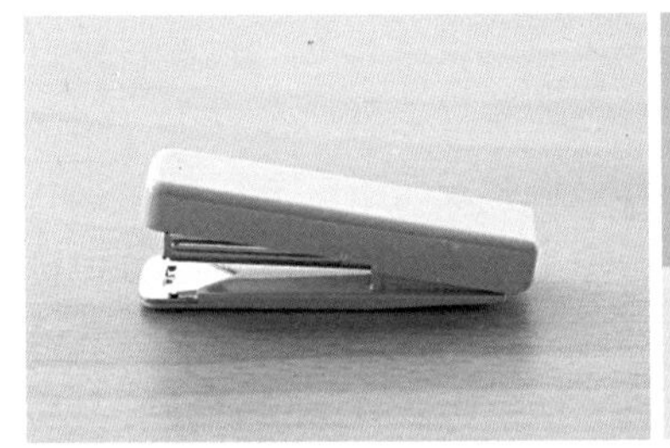

图4–14
A Precise Stapler

- 订书机Stapler思维导图+头脑风暴分析（图4–15）
- 情景故事法分析

Tom 是一家大型公司的办公室文员。他才大学毕业不久，这是他步入社会的第一份工作，如图4–16所示。

由于Tom是公司的新人，职位又不高，所以他每天不仅要处理自己的文件，还要包揽整个办公室的资料分类和装订工作。他每天都在重复着同样的动作：将不同的文件打印、分类，然后装订在一起。在这个过程中，Tom发现，接触最多的就是订书机，订书机可以快速地将分类好的文件装订在一起，但是在使用订书机的时候也时常不知不觉地就将订书针用完了，于是他必须放下手头的工作，在杂乱的办公桌上寻找一盒订书钉，这真是一件麻烦而又耽误时间的事情。

几天前，公司临时召开紧急会议，一时之间需要将大量的会议所需资料文件进行分类并且装订，这个重任又压在了Tom身上。由于

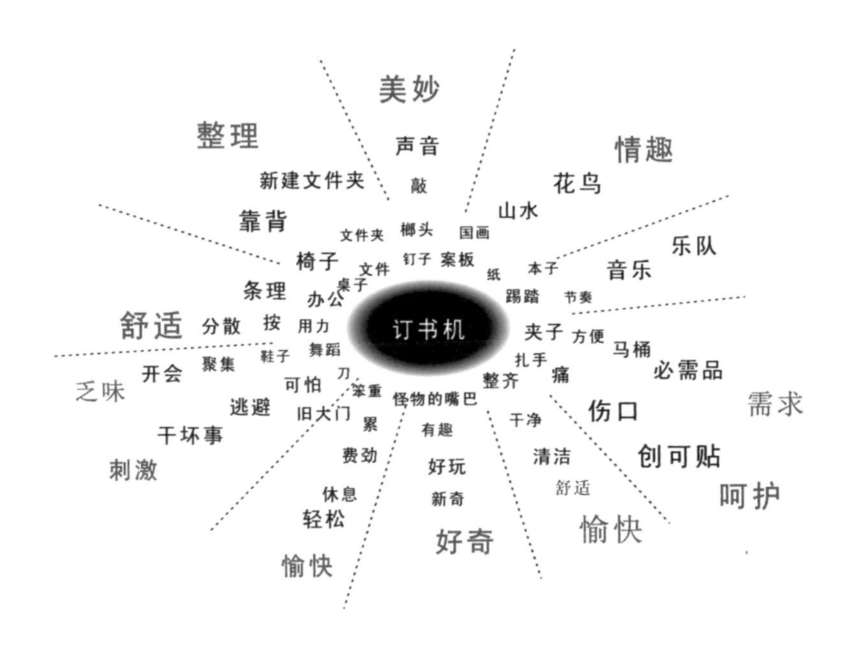

图4–15
订书机思维导图+头脑风暴分析

图4-16　Tom

时间紧迫，Tom迅速将资料打印、分类，眼看着就只剩下将文件装订的工作，他拿来订书机开始将文件一份份地装订，就在他以为可以松一口气的时候，他一按订书机，但是订书机并没有将文件钉住，Tom以为订书机坏了，猛按订书机数次，但还是丝毫没有反映，于是他打开订书机，恍然大悟：原来是没有订书针了。但是距离开会只有几分钟的时间了，他慌忙找来另一个订书机，他一边窃喜一边继续装订文件，但他发现这个订书机依然是没有钉子的。匆忙之下，他只能翻箱倒柜的寻找订书针，但是为时晚矣，会议时间到，老板走进会议室，看到手足无措的Tom和一堆还没有装订好的会议文件，瞬间满脸杀气，当着所有同事的面训斥了Tom。

Tom觉得很无奈，他想：要是有一个订书机，在使用过程中可以看到里面的订书针就好了，这样就可以知道订书机里到底还有多少订书针，就可以在订书针快用完的情况下及时的准备好新的订书针，就不会再出现装订文件装订到一半才慌忙的去寻找新的订书针的情况了，如图4-17所示。

● SET因素分析（图4-18）

（2）分析总结

通过以上的前期调查分析发现，文具设计正朝着多功能、人性化、绿色化的趋势发展。目前订书机在使用过程中所存在的问题已经基本得到解决，该市场对新型功能化产品的需求已经近乎饱和，如果只是单一地在结构上进行突破并不能取得更好的效果，因此我们决定走人性化路线，改善其本身使用时的不足，将功能性与情感设计加以结合，使之设计更加合理化，使用更便捷。

图4-17　订书机的使用

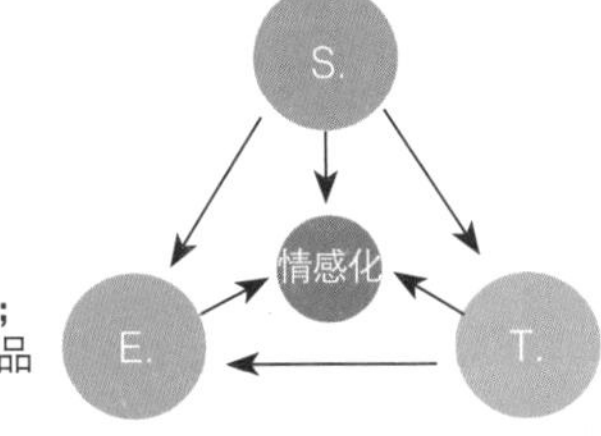

图4-18　S.E.T.因素分析

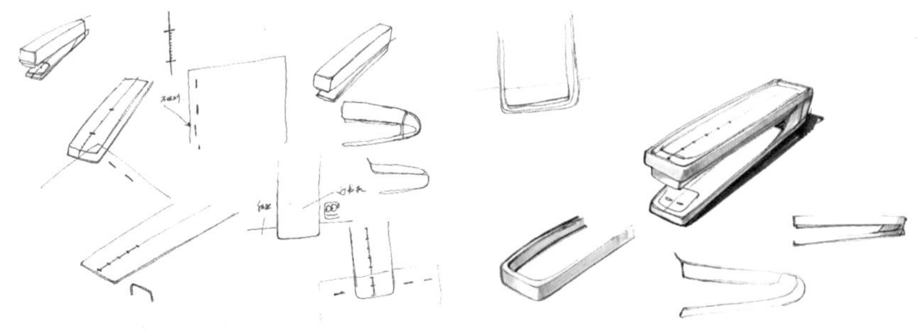

图4-19　结合调研结果、设计要点和设计要求进行头脑风暴

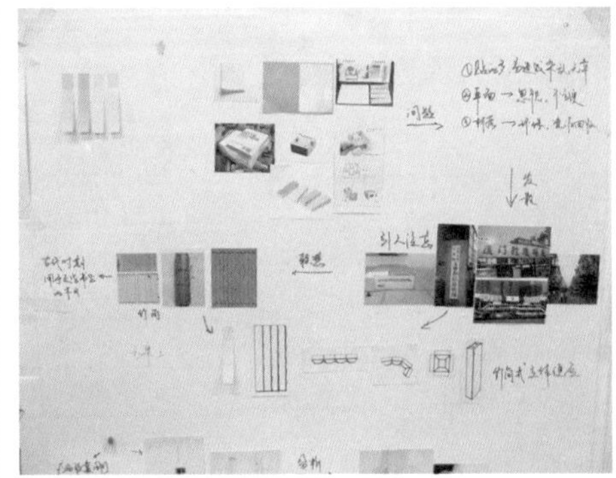

图4-20　方案评估筛选

4.产品设计定位

（1）通过对文具市场的调查和研究，得出以下设计要点

设计人性化、设计绿色化、设计合理化、设计纯粹化、设计民主化。

（2）对文具设计提出了设计要求

细节、科学、感动、实用、特殊、创新。

5.概念化设计定位

（1）结合调研结果、设计要点和设计要求，进行头脑风暴，选择若干创意点（图4-19）

（2）方案评估筛选（图4-20）

6.方案深入与发展

通过概念和草图的深入，确定了最终的方案，设计一款可以显示内部订书针余量的订书机。这个订书机外壳运用透明塑料材质，能够看到内部的订书针，并在外壳上标上了显示内部订书针余量的刻度，

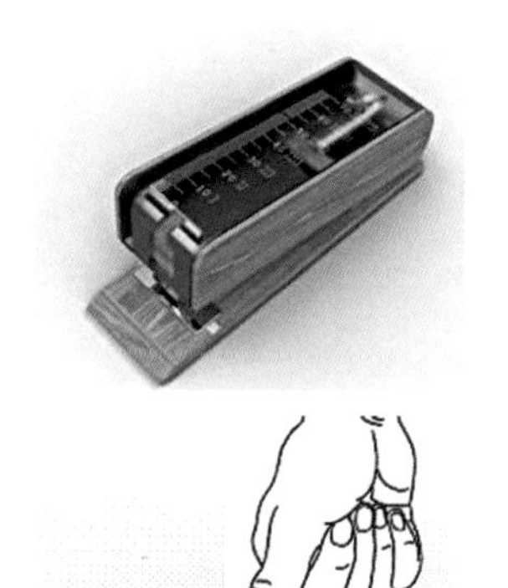

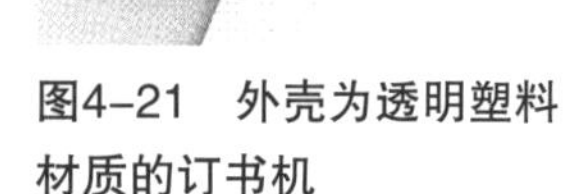

图4-21　外壳为透明塑料材质的订书机

方便了使用者及时准备备用的订书针，如图4-21所示。

案例二　课题名称：机场候机厅小件行李寄存机

设计团队：陈超、顾雷鸣、林伊如、李昆仑、王亮

指导老师：Flaviano Celaschi（米兰理工大学）、吴佩平、Angela De Marco（都灵理工大学）

1.设计调查

调查目的：了解使用者对产品的需求程度，功能需求以及对产品语意形态的期望值。

（1）问卷调查（表4-1～表4-3）

被调查人群性别比例统计表　　表4-1

性别	人数（人，共30人）	百分比（%）
男	18	60
女	12	40

被调查人群年龄结构统计表　　表4-2

年龄	人数（人，共30人）	百分比（%）		人数（人，共30人）	百分比（%）
20～25岁	10	33.3	30岁以上	5	16.7
25～30岁	15	50	40岁以上	0	0.0

被调查人群职业统计表　　表4-3

职业	人数（人，共30人）	百分比（%）
学生（大学生）	10	33.3
公司职员	20	66.7

1）候机时你有些小事儿要办，带着行李不方便，比如上厕所，或者飞机晚点你想寄存行李去喝杯咖啡休息一会儿，这时你需要寄存行李（表4-4）。

产品实用性调查统计表　　表4-4

	人数（人，共30人）	百分比（%）
非常不认同	4	13.3
不认同	1	3.3
无所谓	10	33.3
认同	11	36.7
非常认同	4	13.3

2）候机室坐椅具备长时间休息功能（表4-5）

3）坐椅具有艺术性且能美化环境，功能性也很强（和现在的坐椅相比）（表4-6）

坐椅使用功能调查统计表　　表4-5

	人数（人，共30人）	百分比（%）
非常不认同	0	0.0
不认同	8	26.7
无所谓	9	30.0
认同	10	33.3
非常认同	3	10.0

坐椅审美功能调查统计表　　表4-6

	人数（人，共30人）	百分比（%）
非常不认同	1	3.3
不认同	4	13.3
无所谓	5	16.7
认同	14	46.7
非常认同	6	20.0

4）坐椅具备储存行李功能（表4-7）

坐椅功能改善预期状况统计表　　表4-7

	人数（人，共30人）	百分比（%）
非常不认同	3	10.0
不认同	8	26.7
无所谓	3	10.0
认同	9	30.0
非常认同	7	23.3

5）坐椅具备储存行李功能但要收费作为日常的维护费（表4-8）

坐椅收费状况认同度统计表　　表4-8

	人数（人，共30人）	百分比（%）
非常不认同	6	20.0
不认同	8	26.7
无所谓	4	13.3
认同	9	30.0
非常认同	3	10.0

6）坐椅上有装饰性的图案（广告除外）（表4-9）

坐椅外形装饰调查统计表　　表4-9

	人数（人，共30人）	百分比（%）
非常不认同	2	6.7
不认同	2	6.7
无所谓	16	53.3
认同	6	20.0
非常认同	4	13.3

7）对于候机椅的材质，你希望是（表4-10）

坐椅预期材质调查统计表　　表4-10

	人数（人，共30人）	百分比（%）
木制	6	20.0
塑料	2	6.7
皮革	15	50.0
玻璃	0	0.0
其他	7	23.3

8）对于候机椅的整体造型你希望是（表4-11）

坐椅预期造型调查统计表　　表4-11

	人数（人，共30人）	百分比（%）
方正硬朗的线条轮廓	1	3.3
主体几何造型和圆润的边角	6	20.0
圆润柔和的轮廓线条	19	63.3
无所谓	4	13.3

9）对于坐椅的颜色，你希望是（表4-12）

坐椅预期色彩调查统计表　　表4-12

	人数（人，共30人）	百分比（%）
灰色	8	26.7
艳色	0	0.0
冷色	5	16.7
暖色	15	50.0
其他	2	6.7

10）如果需要寄存行李，方便你做事，对于行李寄存的价格，你希望是（表4-13）

预期收费价格调查统计表　　表4-13

	人数（人，共30人）	百分比（%）
1～5元	8	26.7
5～10元	8	26.7
10元以上	4	13.3
免费	10	33.3
其他	0	0.0

11）如果寄存行李，你希望以何种方式支付（表4-14）

预期收费方式调查统计表　　表4-14

	人数（人，共30人）	百分比（%）
投币	20	66.7
刷卡	9	30.0
其他	1	3.3

12）如果需要寄存，你希望用怎样的寄存方式（表4-15）

预期寄存方式调查统计表 表4-15

	人数（人，共30人）	百分比（%）
人工寄存	11	36.7
机器寄存	17	56.7
其他	2	6.7

13）对于现在的坐椅，你希望有哪方面的改进（表4-16）

坐椅改进调查统计表 表4-16

	人数（人，共30人）	百分比（%）
形状	5	16.7
颜色	0	0.0
材料	12	40.0
全部都要换	6	20.0
不需改进	7	23.3

14）对候机室公共设施的要求，你希望（表4-17）

候机厅设施预期价值调查统计表 表4-17

	人数（人，共30人）	百分比（%）
实用为主	5	16.7
美观为主	1	3.3
二者兼顾	24	80.0
其他	0	0.0

（2）同类产品调查

现有候机椅：基本为带软垫的纯铝合金排椅，适合豪华候车室和候机大厅坐椅，椅面为5毫米厚的铝合金板，外观豪华大气；材料及表面装饰处理一般是扶手、站脚材质采用优质钢板压铸成型；横梁采用矩形钢管制造，表面高温彩色喷塑处理；座背钢板采用2毫米厚冷轧钢板，表面高温彩色喷塑处理；座垫面料可采用真皮、仿皮、P.U.皮、麻绒，座垫色彩可根据现场需求进行搭配。

现有投币式自动寄存柜：可节省人力看管的费用，并提高服务品质，由客户自行保管随身物品，免承担看管责任，减少客诉，是可回收成本的生财器具，可为用户提供安心、便利、快速的寄物空间。

（3）调查结论

以上表格统计了此次问卷调查的内容，分别针对将要设计的坐椅的功能、外观、使用、价格等各方面进行了调查，调查结果基本能够反映人们对现在候机室坐椅，及行李寄存的一些观点；调查结果显示大多数人认为在候机时短时间去办事儿，带行李是不方便的，希望提供寄存处，并且希望坐椅具备寄存功能，对于坐椅寄存收费近一半人不认同，如果收费，大部分人提倡投币，此外大多数人认为现在候机室的坐椅应该既实用又美观。

（4）设计定位

候机厅候机椅的改良设计；具有储物功能，简易操作，拆卸方便，外观美观，造型巧妙；改进传统候机椅功能单一、造型普通的缺点；容纳空间为体积小于1580立方厘米的物体；

（5）情景故事描述

小刘是一家大型合资企业的销售部经理助理。今年36岁，新婚不久，和妻子一起供养新房子，压力自然很大。作为一个大公司的助理，跑业务是少不了的事。他常常坐飞机在上海总公司和广州分公司之间飞来飞去，花在候机室的时间甚至多过在家里。每次出差，小刘肯会要随身携带笔记本、资料文件的。众所周知，在机场等机的时间总是让人无法预料，小刘是个特别细心的人，每次坐在候机厅时他必定会特别小心手中的东西，因为那是些非常重要的文件，随便丢失哪份资料都会害他失去奋斗了许多年才得到的职位。所以尽管长时间来回奔波让他感到很疲惫，但是在候机厅他还是不敢小睡一会，生怕一闭上眼睛会丢失什么重要物品。人有三急，上厕所还得带着这些文件确实十分不方便。还有的时候很饿了去买点吃的也得寸步不离这些随身物品。而候机室又没有为旅客设置的储物箱，像小刘这样的绝大多数乘客都会或多或少地带着些随身物品，在候机厅候机时是十分不方便的。

小刘希望在候机厅有一个可以让他短时间寄存随身物品的空间，最好是坐椅就具备这样的功能，而且操作起来很方便，最好不要收费，如果收费投币比较好，那样更安全、可靠，但不要太贵。小刘还希望坐椅更舒服一些，利于休息，坐椅周围有些植物之类的，美化环境而且有助于放松心情、解除疲劳。情景故事板如图4-22所示。

（6）概念发展

1）形态语义元素分析（图4-23）

2）概念草图发散与筛选（图4-24）

3）计算机模型评估与筛选（图4-25）

4）实体小模型形态测试与评估（图4-26、图4-27）

5）结构思考与评估（图4-28）

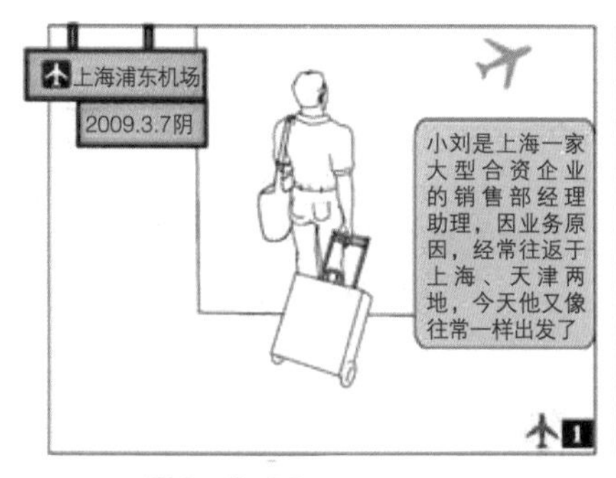

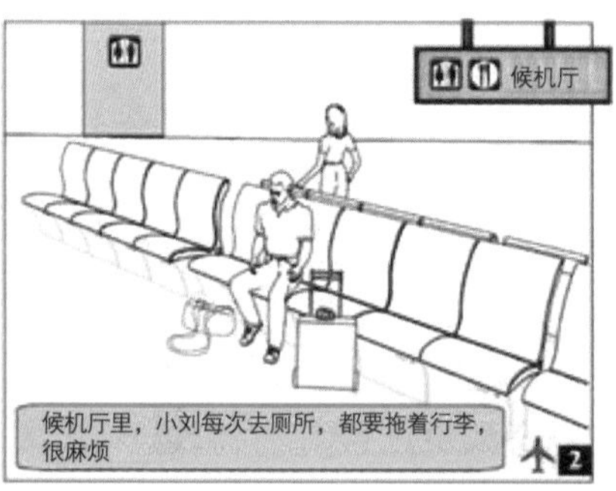

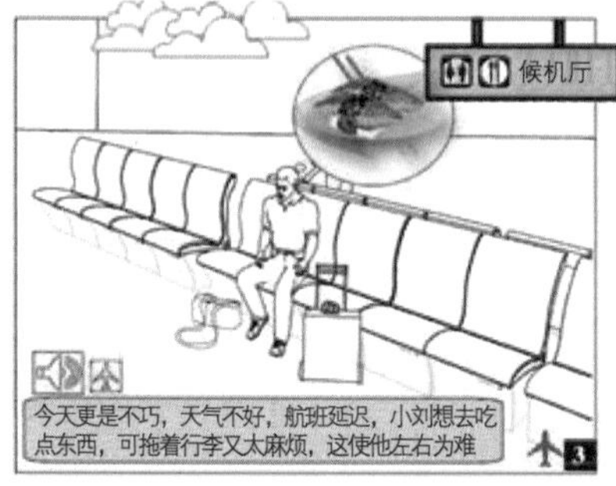

图4-22　故事板

图4-23
形态语义元素分析

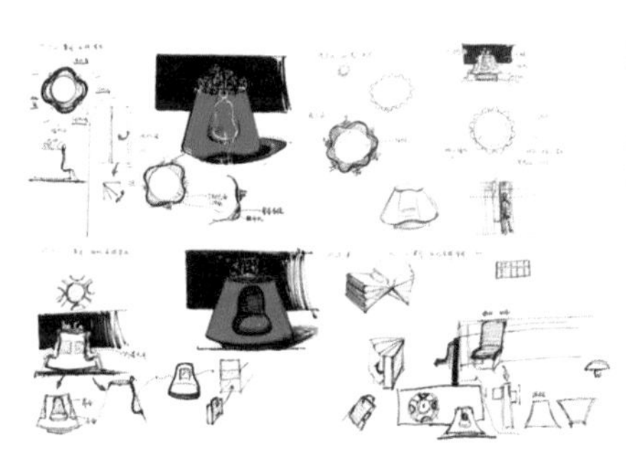

图4-24（左）
概念草图
图4-25（右）
概念效果图

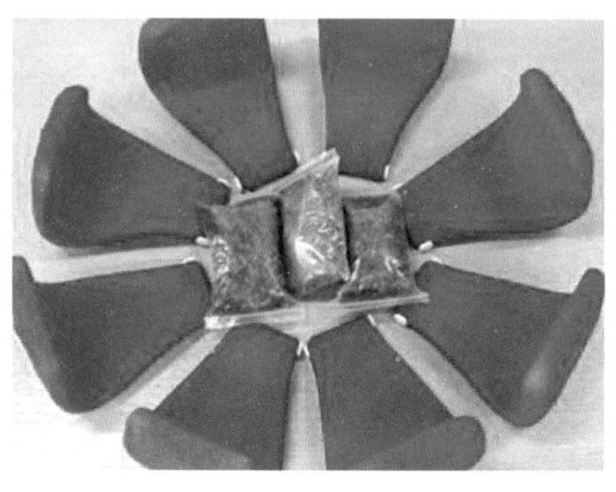

图4-26（左）
概念草模
图4-27（右）
概念草模

操作界面
椅子
椅子顶部与柱
体连接结构
0° ~180°
投币孔
（硬币、纸币均可）
存
取
登机牌插入孔
门
（向左开）
储物室

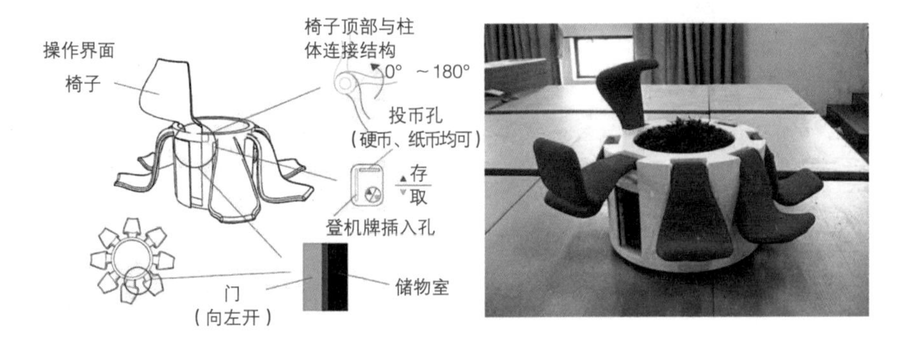

图4-28（左）
结构说明图
图4-29（右）
模型照片

6）成品5：1模型（图4-29）

4.2　产品设计开发研究型课题案例解析

研究型专题项目通常有明确的设计目标，在此设计目标之下，设计师应该全力探究设计命题的深度分析。主要的实践体会是在概念化机会环节中，尝试多种方式进行实验，比如草图、草模、计算机绘图等方法交叉进行，通过不断的实验测试达到最合理的设计方案。这类设计课题的设计程序和实践方法适合于开发目标比较明确、时间比较充裕的设计项目。

案例一　课题名称：纸品家具设计
设计团队：卞文翰、刘婧琳、汪婷
指导教师：王昀、章俊杰
1.设计程序导图（图4-30）
2.识别机会
（1）纸品家具市场调研
1）调研目的：环境保护对于人类的可持续生活意义重大，纸张根源材料是木浆，是生活中浪费最大的材料之一，也是对自然消耗最大的材料之一，价值体现，了解回收纸材料在现代生活中的设计应用，

图4-30　设计程序导图

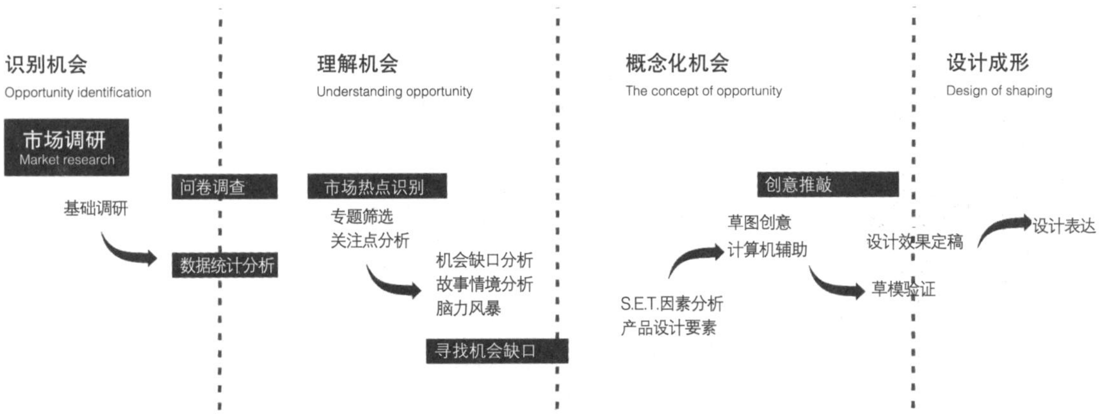

识别机会
Opportunity identification
市场调研
Market research
基础调研
问卷调查
数据统计分析
理解机会
Understanding opportunity
市场热点识别
专题筛选
关注点分析
机会缺口分析
故事情境分析
脑力风暴
寻找机会缺口
概念化机会
The concept of opportunity
S.E.T.因素分析
产品设计要素
草图创意
计算机辅助
创意推敲
草模验证
设计效果定稿
设计成形
Design of shaping
设计表达

对于未来家具的需求，一定是与绿色环保、循环生产密不可分的。不论是对家具连接件的粘接、涂饰还是材料本身都有着更高的要求。能不断循环生产的纸家具，对人体的健康更有利，显然这些条件都将会成为这个时代优质产品的必备因素。除此之外，纸品家具还可以轻易地收拾起来，优化空间，价格便宜，而且能做到充分循环再生产，恰恰符合当下流行的低碳生活原则。总之，纸品家具还要考虑在结构、形状及外观颜色上的不断革新，以满足不同人群的需求。

2）调研方向：市场的各种纸品家具的销售情况、制作工艺和特色。

3）调研方法：通过介绍制纸品家具的发展、前景和制纸家具在材料及生产上的特性，依托更具形式美感的表现，说明纸品这种不同于传统的材料在低碳设计中的价值，从而设计出适于低碳生活的家具产品。

（2）市场问卷调研

1）目标消费者定位：新消费生活人群、创意与本质追求的生活风尚、自然与可持续的生活理念。

2）目标消费者调查问卷分析。

● 您认为您的生活中纸品的接触度大吗?

A.经常　B.有时　C.偶尔　D.从不

● 您对与纸张的印象是什么?

A.薄　B.脆弱　C.吸水　D.白　E.轻　F.其他

● 您记忆里的纸品在产品中的应用吗，有哪些?

A.食品包装　B.灯具　C.吸水　D.白　E.轻

● 纸材料家具价格你可以接受的程度是什么?

A.很便宜　B.稍便宜　C.稍贵　D.很贵

● 您对于家具的特质更关注的是哪方面?

A.价格　B.质量　C.清洁方式　D.颜色　E.气味　F.环保

● 大多数生活中的纸的废料最后的对待方式是什么?

A.丢弃　B.交给回收部门　C.制作成别的产品继续使用

● 您认为纸品回收使用最好的方式是什么?

A.交给回收部门　B.一物多用可反复使用　C.打碎重新使用

（3）市场资讯调研

1）生活方式与可行性调研："低碳化浪潮"带来了"低碳设计"，虽然是个新概念，但是它的提出仍是在解决世界可持续发展的老问题，人类意识到生产和消费过程中出现的过量碳排放是形成气候问题的重要因素之一，因而要减少碳排放就要相应优化和约束某些消费和生产活动。此外，低碳设计的重要途径之一就是对于能源的循环利用，所以纸品再合适不过了，近乎百分百的循环再生产，从而为人们的未来多造就一种可能。

2）产业市场调研：纸品家居用品的应用基础纸制家具出现在20世纪20年代，1922年由英裔美国人Marshall Burns Lloyd发明制造。他所制作的纸制家具以经特殊加工（防水、防腐等）后的细纸条为主要原料，以细钢条为主干，捻成一股股纤维，以使其可以承受较大的压力。经过科学测试证明，纸制家具可以承受90公斤的重物和10万次以上的撞击，使用寿命达十年之久（图4-31、图4-32）。

（4）调研结论

1）纸材料在产品设计中的优劣势分析

低碳性：纸品材料自身、生产以及使用过程中体现低碳环保的概念。

互动性：从人的情感考虑，增加了人与家具、人与人之间的互动性，可以使人们在拼插、折叠等组装过程中，体会到娱乐。

娱乐性：小孩子可以在上面绘画，制作真正属于自己的DIY家具。

2）目前从市场的接受度来看，目前纸家具的消费群体以部分爱好环保人士和创意设计机构为主，普通民众对于纸品家具还处于观望态度，有以下原因。

耐用性：纸品家具的耐用性仍然需要提高，这要从材料和结构上继续创新。

消费观念：人们的消费观念较为保守，还是希望买到更耐用更可靠的家具；在少数传统人们的观念中，认为纸制家具及器物是用于祭祀等活动的，因而在他们内心会自然产生一种忌讳。

价格：市面上的纸品家具价格并不低廉，因为高昂的设计费用，加上纸品在做过防火、防水、防蛀等特殊处理后，原本低廉的材料成本也会相应提高。

（5）调研分析

基于纸的低碳特性，结合环保设计的要素，以下简要提出并分析纸品家具在环保设计方面的特点。

1）选材环保：纸品家具材料的主要来源是废纸箱，本身就有再利用意味。

2）避免使用涂料：我们设计的纸品家具外表面采用瓦楞纸自身颜色，无需上漆、印染等工艺，在体现补素外观的同时，也体现其环保，这种绿色健康的家具尤其适合老年人、儿童等人群的特殊需求。

图4-31（左）
纸板家具
插片式结构，简易的安装方式，使父母与孩子之间产生互动
图4-32（右）
纸品家具
轻便是纸品的最大特点，孩子们可以尽情娱乐

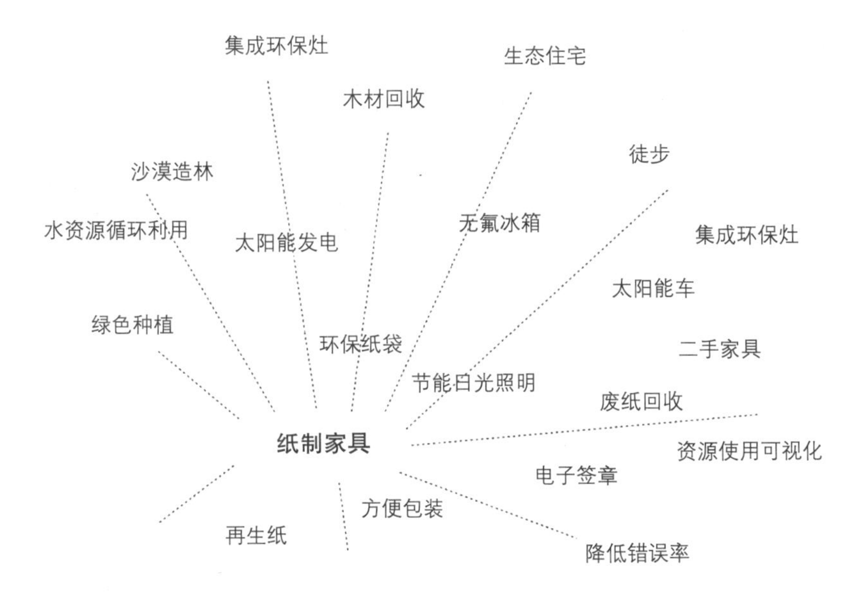

图4-33　头脑风暴

3）质量轻：可降低纸品家具在运输过程中的成本，从而减少车船等交通工具的CO_2排放。

4）采用模块化结构设计：使部件容易安装，拆卸和互换，不仅生产方便，减少不必要的资源消耗，而且一旦某些部分损坏，消费者通过商家很容易获取修补配件，提高可维修性。

5）减少传统家具材料的种类：纸品家具主要采用插接和折叠方式，避免传统家具需要的螺丝铆钉等金属部件。

6）拆卸自如：不但方便了消费者在购买后的组装，而且节省空间、降低运输成本。

7）结构美学、节省材料：采用合理的空间结构设计，可以降低材料的使用量。

8）价格低廉、具有竞争力：纸制品相比塑料、木材金属等传统材料本身就价格低廉，利润空间大。

9）方便回收和再生产：由于技术的进步，回收成本低廉，并且可循环使用。我们对于在制作过程中剩余的纸板材料，可以将它裁碎，当作填充物使用。

3.理解机会

（1）头脑风暴（图4-33）

（2）情境故事分析

Sam和Mary结婚五年了，他们各自有着稳定的工作，收入算不上很高，但也足够过上舒适的日子。就在结婚后的第二年，他们迎来了这个家庭的第三个成员——Joy。新生命的降临给这个小家庭带来了无穷的喜悦与温馨，如图4-34所示。如今Joy已经学会自己一个人玩耍，Mary不断地为他添置新玩具，可总是满足不了他那活泼好动的天性。

图4-34　情景故事分析

图4-35 纸品家具

然而Joy最喜欢做的事情便是在沙发、椅子上窜来窜去，把玩具堆得满桌都是，吃饭的时候食物总是不小心撒得沙发上到处都是。因此Mary总是在Joy入睡后收拾这个残局。几年下来，她眼看着新婚时购入的那些价格不菲的家具变成了如今又旧又脏的模样。每当招呼客人的时候，他们总有迫切想要更换一套新家具的冲动。但是一家三口的生活开销也不小，加上Joy长大后还有更为巨大的支出等着他们去承担。于是购买新家具的想法就一次又一次地被搁置了。

有一天，Sam的大学好友Jake邀请Sam一家去他们家做客。多年不见，Jake也已成家，并且是两个孩子的父亲了。Sam忙于感叹这些年来的变化，而Mary则是对Jake家的家具更为好奇。她简直不敢相信这是一个四口之家使用的家具。Jake夫妇自豪地向他们介绍了这种多数人都不了解的家具——纸品家具（图4-35）。原来椅子上那些可爱百态的图案都是两个孩子这些年来的“杰作”，仔细一看，原来它们都是由各个零部件拼接起来的，即使出现损坏也可以局部替换。与平日所见的家具实在不同，虽不见得大方雅致，却更有一番温馨家庭应有的模样。更值得一提的是，纸这种天然的材料使得它们在被丢弃后又可投入另一轮新的生产，恰好呼应了时下火热的低碳环保潮流。当得知它们低廉的价钱后，Tom和Mary更是为之心动。

第二天，Tom和Mary就自己开着车将一整套家具搬了回来。Joy兴奋极了，它们看起来就像一堆大型的拼装玩具。于是一家人在这个周末自己动手组装起他们的新家具。Sam和Mary第一次与儿子合作动手去完成一件完整的事情，而这对于Joy来说就像是一场首次由爸爸妈妈陪伴下玩的游戏，不知不觉一天就这样愉快地度过了。

之后，Mary还鼓励Joy自己动手在家具上涂鸦各种图案，至今他仍对这项新的喜好乐在其中。昔日杂乱的玩具堆被一派温馨所取代了。就这样，Sam一家三口过上了低碳环保的幸福生活。

（3）S.E.T.因素分析

如今的社会，追求低碳环保生活的人越来越多，人们对于家具的要求正朝着绿色、环保、可持续方向发展。纸品家具正符合这一社会发展的趋势，因而受到环保和创新人士的青睐，但是普通民众对其仍旧处于观望状态。经过调查发现，纸品家具在功能性和耐用性上仍不及传统家具，但是如果提升其材料性能便会增加它的成本。因此我们决定将我们的设计侧重于环保、便捷和情感。根据其材料的性能，不断研究合理的结构方式，在低碳环保的基础上，达到便捷、实用与娱乐的和谐统一，如图4-36所示。

（4）产品设计要素归纳（图4-37）

4.概念化机会

（1）草图思维扩展（图4-38）

社会因素：
该产品购买者以爱好环保人士和创意设计机构为主；
普通民众对其仍持观望态度；
设计与制造以低碳、环保、便捷为重点

经济因素：
该产品购买者购买能力稳定；
目前同类产品在市场上并不多见，因此竞争较小；
该产品制作成本较低较为亲民

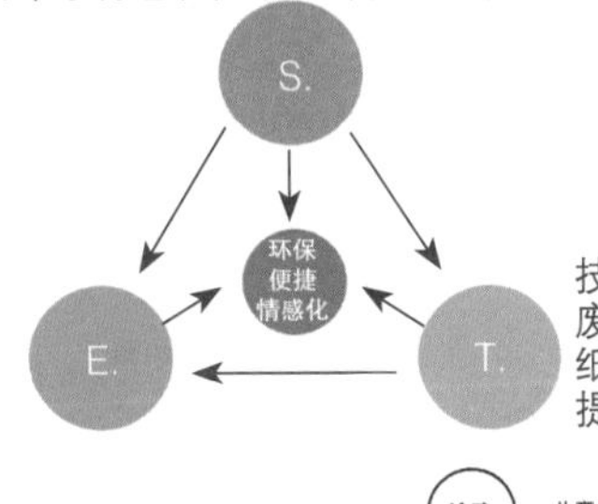

技术因素：
废纸的再生产；
纸品家具的结构和拼装；
提高材料的耐用性

图4-36　S.E.T.因素分析

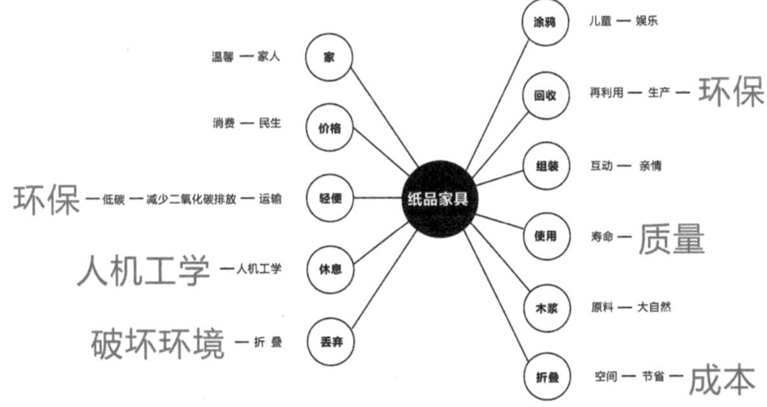

图4-37
产品设计要素归纳

图4-38
草图思维扩展

（2）草模测试与评估（图4-39）

（3）计算机模型辅助验证（图4-40）

（4）实物仿真草模测试与评估（图4-41）

5.成品模型展示（图4-42）

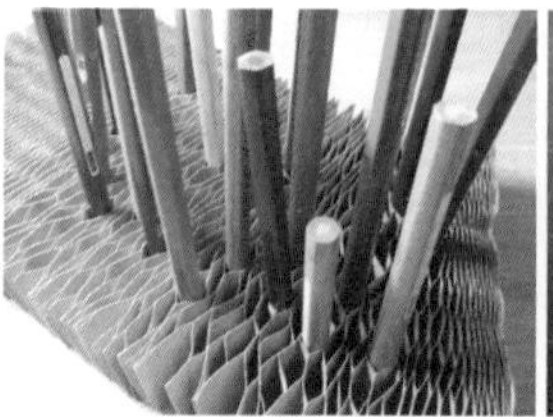
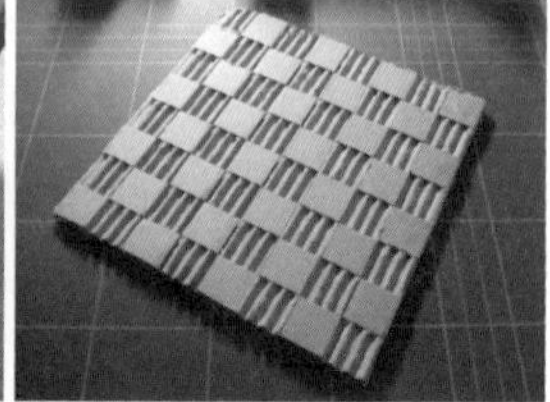

图4-39
草模测试与评估

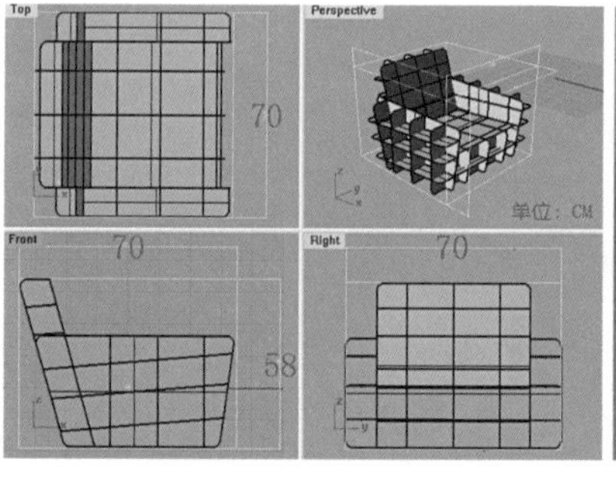

图4-40
计算机模型辅助验证

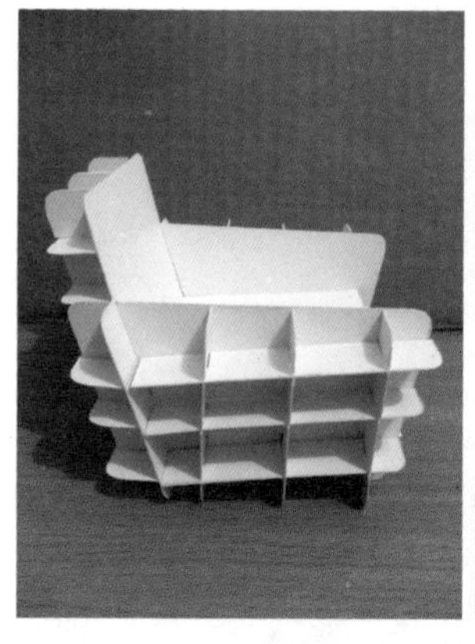

图4-41
实物仿真草模测试与评估

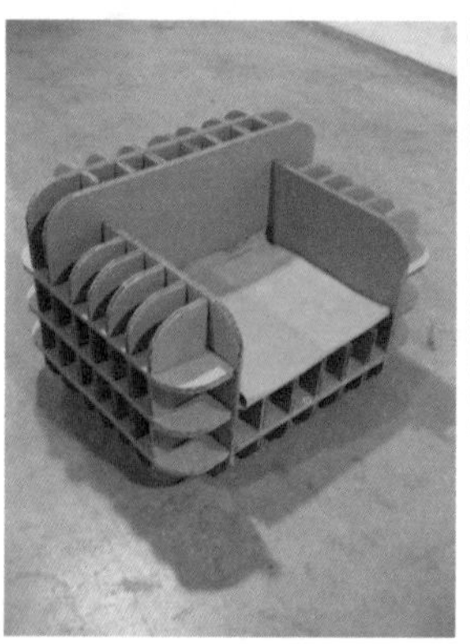
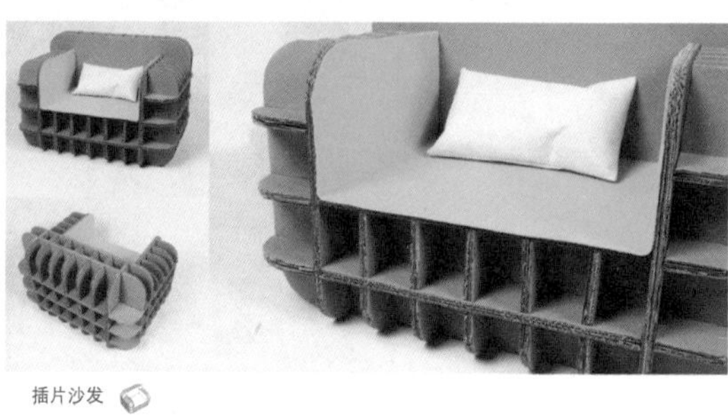

图4-42
成品模型展示

案例二　课题名称：集装箱改良格子铺

设计团队：林洁、甘炎荣、陈成、陈智、陆晓瑾、钟益民

指导老师：Flaviano Celaschi（米兰理工大学）、吴佩平、Angela De Marco（都灵理工大学）

1.课题背景

本次课题是意大利米兰理工大学老师组织的一次名为"自助销售方式"的Workshop，课题是在全球人们生活方式日益改变，自动售货方式在世界各地迅速发展的基础上，销售的商品种类也覆盖了衣食住行越来越广泛的行业的情况上展开的。自动服务作为销售产业的一种附加功能，对当代消费者尤其是年轻的群体来说，有着更为广泛的开拓潜力。目前国内、外对自动售货机的主要革新体现在技术和结构上，作为一位21世纪当代设计师应该从美学、产品的内涵意味、产品的未来发展趋势、新的生活方式象征出发对自动售货平台、品种、方式、地点和服务系统进行各种可能性的广泛探索，为将来提供自动售货物品类别、销售方式、机器创新发展可实现的构思、产品和概念。

2.机会搜集和筛选

虽然自动售货机是目前已经存在一种产品，但是课程强调各团队必须摒弃现有的自动售货物品、形态和方式的固有概念，进行完全创新的设计。于是设计团队根据个人生活经历、通过报纸新闻观察、头脑风暴、调查访谈等方法搜集到了近三十个可开发的设计点，比如二手电池自助售换机、雨具自助租售机、自助巧克力制作机等。经过老师和同学的第一次评价筛选，挑选出五个机会，小组针对这几个机会进行再一次有针对性地进行访谈、问卷等调查；然后根据汇报结果，老师团队帮助挑选出一个最具竞争力的机会点——二手货品自动租售系统。

3.针对二手货品自动租售系统进行调查

（1）书面调查信息

1）世界资源现状是资源不再生的紧缺状况及高消耗的现实是一对很大的矛盾，虽然我们不断地尝试科技等手段去作改善，但是这更像是一种赛跑，速度相差甚远。今年来关于资源短缺将给世界政治带来什么影响的讨论不绝于耳，西方甚至出现"资源战争"的观点，持久的和平希望很可能会因实际需求问题而遭动摇危机。

2）随着人们观念的转变，资源短缺现状已在人们的意识之中，如何实现可持续的发展已不仅是政府去考虑的问题，更是人们所开始共同关注的，从人们行为方式及文化倡导的转向可以体现出一种观念的变化趋势。

3）二手交易市场就国内状况来分析，现有很多二手交易形式，包

括一定量的二手交易网站、论坛、实体市场、店铺等。交易物品从房子、车子到小件家居物品不等，形式和内容都很丰富。这样的一种交易方式体现的是一种资源的循环利用。

4）书面调查信息问题点

很多人生活中往往有这样的困扰，家里有些闲置的但是有还有使用价值的物品，可又找不到合适的途径去实现它们的二次价值。现有二手交易在一定限制因素存在的状况下，如何实现让资源的循环利用更普遍化，让这一行动获得更广的大众参与，并从人们自身的行为中得到益处，应引起使用者的思考。

（2）问卷和访谈调查信息

调查目的：了解人们在生活中是否有物品闲置状况及其处理方式，他们的想法及需求。

调查对象：有自理消费能力的所有群体，以年轻群体为主要对象。

调查人数：60人。

调查方法：问卷调查、实地访谈。

1）问卷调查结果

- 65%的比例人群选择将物品闲置在家不作处理、20%的比例人群选择将二手物品卖掉、其他人群选择送人；
- 18%～55%不等比例的人群有家居类、书籍类、化妆护肤类、服饰箱包类、数码类等的闲置物，闲置物品范围较广；
- 91%的人在生活中有闲置的物品，并认为有被二次使用的必要性；
- 68%比例人群认为一个普遍、便捷的二手交易平台的需要很大，28%比例人群表示无所谓；
- 60%以上比例的人群认为现有网络及二手市场交易虽然便利，但是信誉度及质量问题得不到很好的保证；
- 93%比例人群认为这样的交易平台可以设置在人流量多的生活社区、大学城、商业区、超市等场所，这样比较方便使用。

2）访谈内容及结果

大多数人都有为家里闲置物品而烦恼的经历，年轻人尤为突出，闲置品以电子产品、书籍、家居品、服饰、包饰、化妆护肤品居多，实际种类涉及比较广，大多数物品闲置在家比较多，最普遍的解决方式就是送人，进行二手交易转卖的不多，主要原因是没有合适方便的途径。而对于消费二手产品的群体来说，二手产品在价格上的确吸引人，但是对于现有最普遍的网络二手交易表示不直观，同时上门看货不便，提不起购买欲。希望这样的二手交易能有一种更便捷又直观的方式，同时实现服务保障。

3）现有格子铺及网店的实地访谈调查结果

● 一般在格子铺租格子的是一些开网店的人、上班族、附近居民和某些创意公司（诸如生日报纸之类）；顾客一般都是年轻人比较多，比较青睐一些市面上比较少见的创意物品。

● 对于闲置物品的想法，老板说在格子铺里很难实施，原因是顾客对二手物件的质量不太信任，加之有些二手东西的价格会与原来物价相差很大，很难有消费者购买。另外，诸如二手衣服、二手化妆品等东西，即便再便宜也没有顾客光顾。

4）调查结论及设计定位

对于物品闲置的现状，我们需要一个二手交易平台，让交易更便捷实在，实现资源的循环利用。确定对象为在校大学生，设置地点为学校各个公共环境，售买产品以电子产品、书籍、体育器材、文具为主，是否能接触产品都可接受。这个平台应该是便捷、普遍、简易操作、能体验到产品的真实性、适当收费、得到高的浏览率的。

（3）针对设计定位进行概念描述

这个平台应该是便捷、普遍、简易操作、能体验到产品的真实性、适当收费、得到高的浏览率的，形态和色彩要求与学校环境相融，有新意、不突兀，能够体现环保、二手货物新利用的概念。

（4）概念方案展开及评价（图4-43）

（5）方案深入和细节展开

最终确定了以废弃集装箱、废旧轮胎作为载体的方案，虽然这是一个概念性地创新产品，在生产、技术、结构等问题上可以有其前瞻性和研究性，但是作为设计团队必须要在材料、技术、工艺等问题上进行详细的分析研究和描述，并能够较准确地预测这种设计可实施性的年限。这个课题的团队也进行了大量的调查研究，对于技术实施等方面作了详细的描述，如图4-44～图4-46所示。

图4-43 早期草图

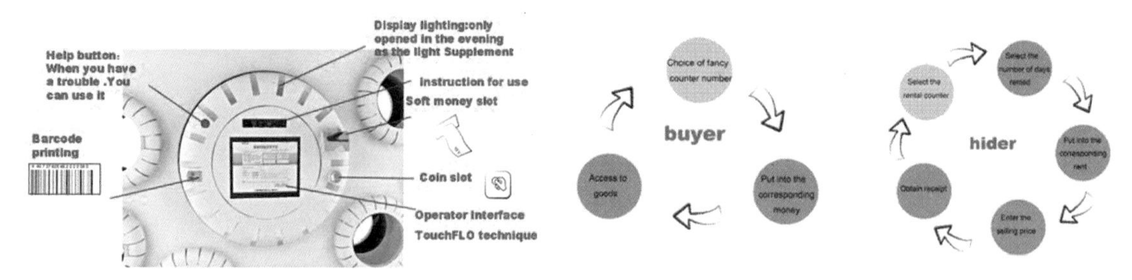

图4-44（左）
局部操作说明图
图4-45（右）
买卖流程说明图

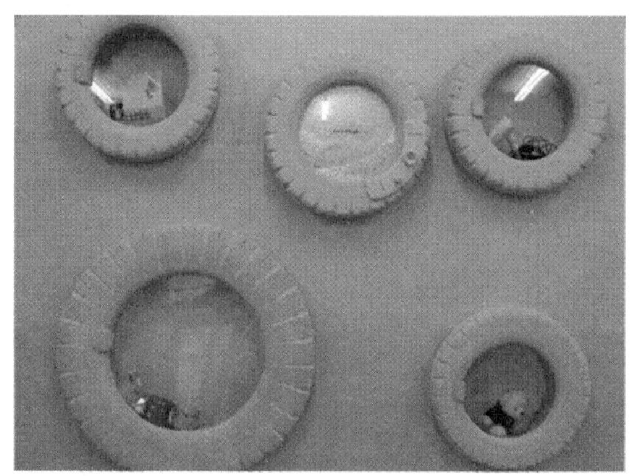

图4-46（左）
最终效果图
图4-47（右）
用发泡材料制作的等比例模型

（6）用发泡材料制作等比例的模型（图4-47）

4.3 产品设计开发快题实践案例解析

快题设计项目时间周期很短，需要对于一个设计目标，进行迅速的创意挖掘，通常是团队作业，讲究高效率的创意碰撞，互相触动，能在短期内找到最具创造力的设计方案，这种方法通常很适合短期的、高创意度要求的项目，例如创意设计大赛、新产品策划等。

案例一　课题名称：V-Lock

设计团队：吴作辰、蔡尚、黄逸霖、张深森、张梦盈、陈羽林、陶靓子、丹尼尔

指导老师：章俊杰

1.设计流程导图（图4-48）

2.识别机会

（1）基础调研，采用生活方式参照法（图4-49）

（2）社会热点分析

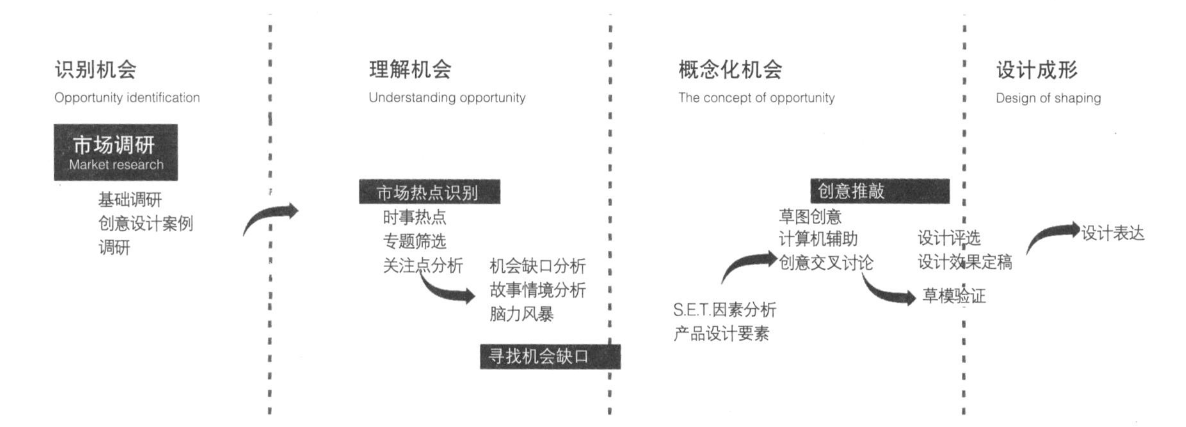

图4-48　设计流程导图

图4-49　基础调研

快题通常是在短期内，用最高效率的设计方法，得出精彩而有建设性的结论，所以在初期进行选择时候，社会热点的分析显得尤为重要。热点的分析探讨，以及深层次的分析，可以让设计者明白社会重要发展趋势和这些趋势背后的依据，最终指向的是人的喜好变化。在集体讨论中，抓取一些社会热点，比如“绿色环保、快速生活方式、情感交流的缺失、强调产品设计可用性”等。

（3）关注点分析

在社会热点的趋势分析中。找到相应的热点，也就是我们讲的关键点，并且对于关注点，进行逻辑性的爆炸和分析。如图4-50所示是对于散装食品的分析。例如：散装食品的购买环境分析、家庭存放环境的分析、家庭食用环境分析、食品安全分析等。

（4）问卷与网络调研

进行的大规模、快速的网上问卷调研也是一个识别机会非常好的

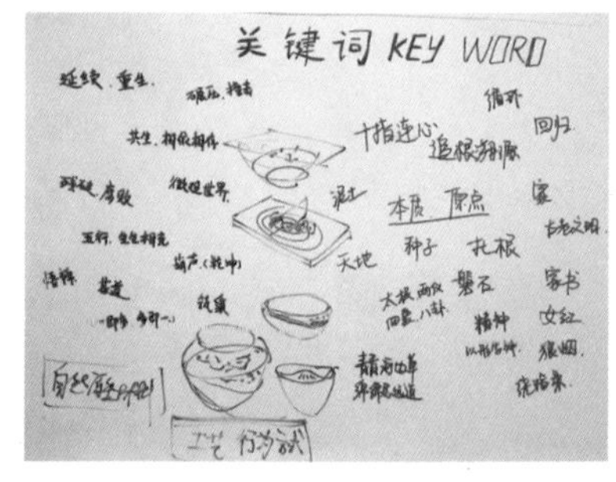

图4-50（左）
散装食品问题分析
图4-51（中）
散装食品包装袋设计提案
图4-52（右）
人物情境分析

方法。

3.机会缺口分析

运用图文结合，对于更具体的关键点场景进行抓取，每张小图配有说明文字，用来辅助说明图片，图片要求是第一现场的真实图片，搭配说明设计意向图片。

（1）机会一：散装食品包装袋的再设计（图4-51）

食品存放方式：袋装、罐装、冰箱等。

环境分析：超市。

超市食品存放问题：海鲜—是否新鲜—冷冻？鱼类—装—死活—鱼缸？蔬菜—变干—变质？酸奶类—保鲜？

家庭食品存放问题：冰箱、调味品架子、食品柜、茶几等。

食品保质期的提示：外观—肉类奶制品、气味—干果—水果。

（2）机会二：机场行李提取防错

人物故事情境分析：对于要抓取信息的人群的典型人物模型，进行故事化的情境分析，如图4-52所示。

例如：典型人物模型——Mike。

Mike是一个跨国企业的部门副经理，每天生活在飞机上，出差非常频繁，每天生活被工作填满，他是一个德国人，在中国生活了三年了，主要负责西欧贸易事务。

根据目标人群的生活状态分析，按照时间线索，以时间节点为纽带，分析他一天的各种行为：

早晨——出行——工作地点——中午——下午——晚上，就可以发现生活规律中的细节线索，如图4-53所示。

在分析用户时用以下这些方式。

1）目标用户：产品给谁用？

2）用户需求：产品干什么用的？

3）使用时间：产品在什么时候用？

4）使用原因：人们为什么要用它？

5）使用环境：在哪里使用？

图4-53（左）
人物情境分析结果
图4-54（右）
设计思路草图分析

6）使用状况：怎么用?

（3）机会三、机会四——分析评估

4.理解机会

创意交叉探讨：用文字形式进行创意讨论。在探讨时候，强调团队讨论，必须进行创意交叉，要求每位参与者大胆地说出自己的观点，其他各人都不应该贬低创意，而应该在创意的基础上提出更深入或更全面的思考。在这个环节，思考表达的交流非常关键，快速思考、快速探讨，可以激发团队中每个人的创意，并促进团队创意积累。

5.概念化机会

（1）设计思路草图分析（图4-54）

（2）创意筛选

在充分探讨的基础上，如何对于设计进行评判和筛选也是非常重要的，创意筛选方式要求遵守公平原则，对于设计的探讨是理性的，但是在微选择时往往是感性的。若要在团队方式中选择出良好的设计，理性与感性必须融合，理性分析利弊，根据技术、社会发展等因素确定方案的可行性。

初步筛选后，将可行创意公布，并进行集体投票，投票必须公平，互相不能有观点的影响，这样能够得到比较客观的投票结果。投票是可以找到集体意见倾向的比较公平的方法之一。投票人可以根据项目内容选择：可以是设计师，可以是业内人士，可以是公司企业人员等。投票人员的合理搭配可以让设计方案的选择更趋向准确、有效。

（3）集体投票统计（图4-55）

得票最高的设计创意脱颖而出：多功能笔筒；机场行李设施；环境适应耳机；方便门锁。

6.创意深化

对选择出来的创意方向进行方案脑力风暴，在深度上进行挖掘。同一个创意点，能找到很多种不同的解决方法，而这些解决方法的优劣，也决定了产品设计的成败。

（1）针对“如何快速方便地开门”的创意深化

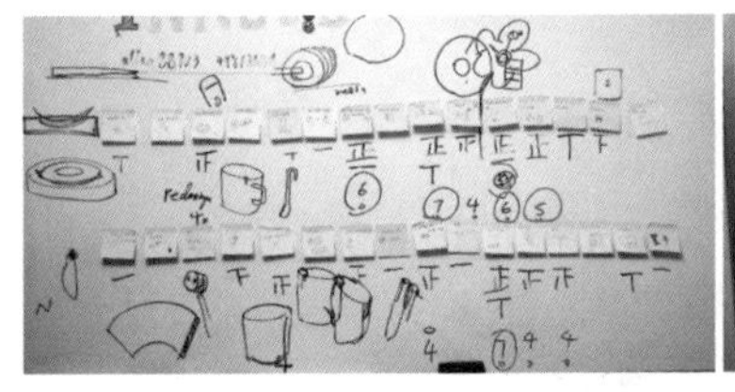
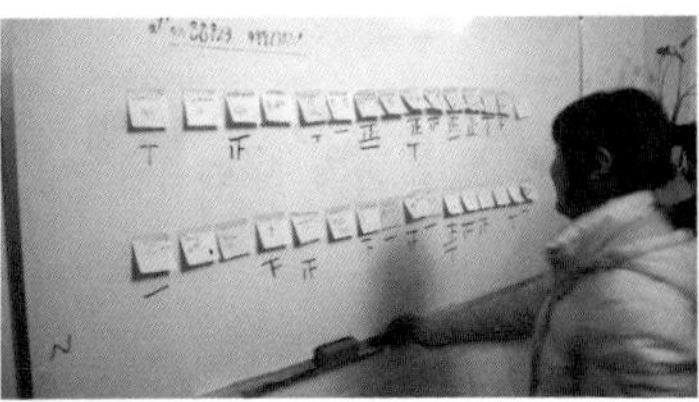

图4-55 集体投案统计

1）在门锁处装置LED灯；

2）荧光图层指示；

3）钥匙柄的色彩显示；

4）钥匙口设计成漏斗形；

5）钥匙柄设计成不同形状；

6）钥匙设计成卡片形；

……

（2）针对“瓶装洗涤剂节约使用”的创意深入

1）定量；

2）稳定摆放；

3）流动性；

4） 容器；

5） 开合；

6） 可视化；

7） 单手操作；

8） 环保；

9） 占用空间；

10） 防摔；

11） 气压；

12） 识别性；

13） 色彩；

14） 漂浮；

15） 预热；

……

7.计算机辅助创意评估筛选

在黑暗中，方便准确地快速插入门锁有很多设计解决方法。在计算机辅助推敲中，要对细微造型解决方案进行比对，在概念和方案确认之下，细微的解决方法常常是不同的，一个好的解决方法会影响一个设计创意的优劣。在计算机辅助阶段，仍对于创意有很大的推敲必要性，计算机辅助环节可以对于产品设计的三维模型进行更准确的分析。

（1）解决方案：喇叭形口可以像漏斗一样让钥匙插入

优缺点评估：简单明确，好操作。但是漏斗形中心的长条形钥匙孔在制造上难度较大，外围的原型和中间的长条形无法妥善衔接。

（2）解决方案：“V”形槽

优缺点评估：“V”形槽可以让片状物体方便地插入轨道，轻松地“刷”入钥匙，钥匙可以方便地对准钥匙孔。在制造方式上改进成本较低，钥匙口部件不必修改，所以设计合理性更高。

评估结果：在解决方案1和解决方案2中，经过集体探讨，倾向于选择解决方案2，如图4-56所示。

8.设计的深入与完善（图4-57）

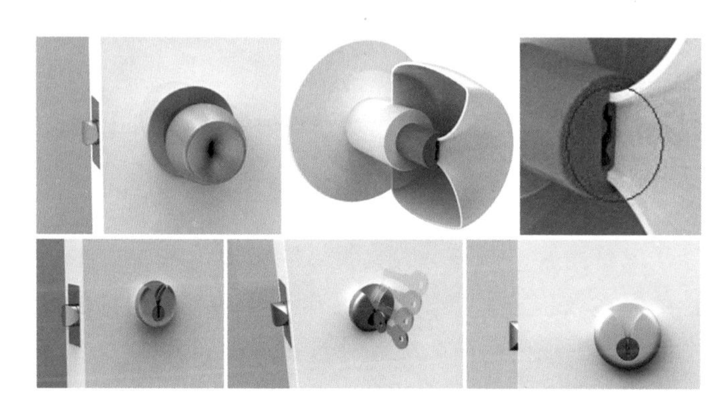

图4-56
方案1与方案2的选择

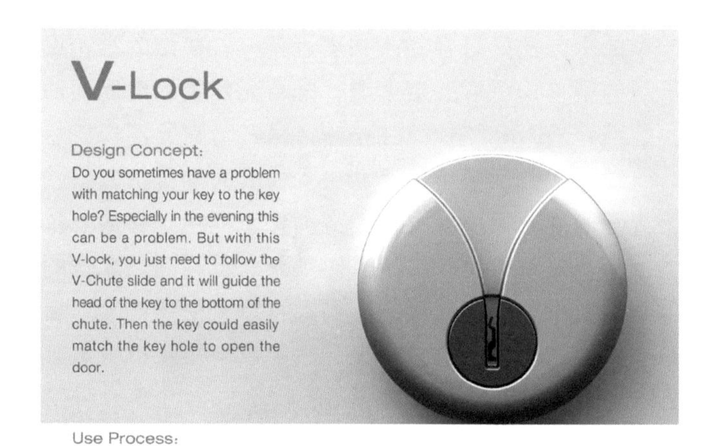

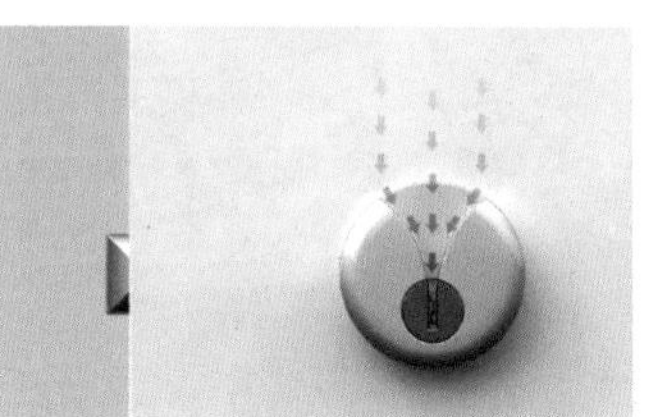

图4-57
设计的深入与完善

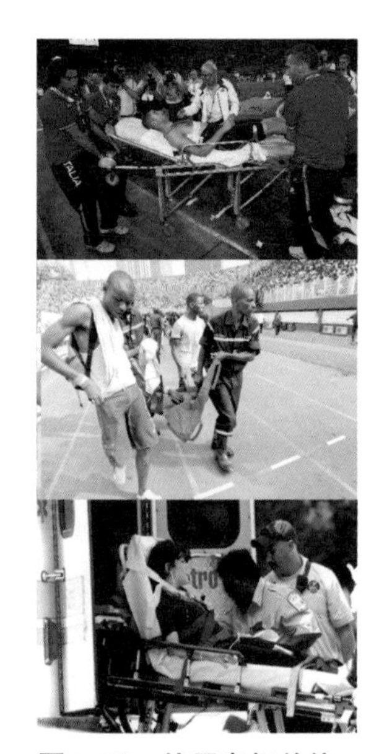

图4-58　使用者相关信息调查

9.综合评价

V-lock 设计作品获得iF Concept Award设计大奖，并进入全球前十名获得奖金。

V-lock 的设计起源于回家插钥匙的时候很难对准钥匙孔，所以它是如何在黑暗中，或者视线不好的时候方便而快捷地开锁的一种方式，借鉴了银行刷卡机的“V”形槽的刷卡方式，让钥匙像刷卡一样刷入槽中，能够迅速对准钥匙扣插入钥匙。这是一种生活灵感，而其并没有产生多余的问题，符合工业生产技巧。V-lock的设计，用非常轻巧的方式改变了门锁原有形态，并巧妙解决了原有产品的欠缺。

案例二　课题名称：“BELT”短途救护车

设计团队：万喜等

1.课题背景

设计是本着高效、节能、人文关怀的精神为2008年奥林匹克运动会设计的短途救护车，主要运用在运动场内，将受伤的运动员从事故发生地运送到场内急救处或场外救护车内。名称“BELT”取自其运送的含义，同时在产品形态的语义上也充分体现这个标题的含义，流畅的回形设计让人联想到象征友好祝福的哈达，表达了作为东道主国家的中国友好好客的人文奥运精神；简洁的结构设计体现了科技奥运的精神；色彩整洁素雅，配合无污染的电能驱动，体现了绿色奥运精神。BELT短途救护车需要1名驾驶员，1～2名医护人员陪同，改善了以往运动场上运动员受伤后大批医护人员抬着担架在场地上奔跑的混乱无序状况，车身两侧空间用于存放急救药品和折叠性输液架，设备齐全，便于及时展开急救措施。床身的滑轨和折叠设计适用于不同受伤程度的伤员，可以将受伤比较严重的伤员平躺在急救床用滑轨送至救护车上，也可以将担架折叠成坐椅状，用于伤势不太严重的伤员。

2.寻找机会

（1）进行使用者相关信息调查（图4-58）

（2）对产品形态语义元素进行提炼（图4-59～图4-63）

图4-59　运动的飘带
图4-60　友好的飘带
图4-61　文化的飘带
图4-62　交流的飘带
图4-63　科技的飘带
（从左到右）

（3）产品概念故事描述（图4-64）

3.概念方案草图（图4-65）

4.产品细节设计（图4-66～图4-71）

5.产品色彩方案（图4-72）

6.产品最终方案（图4-73、图4-74）

图4-66　车身一侧是嵌入式可折叠的输液架

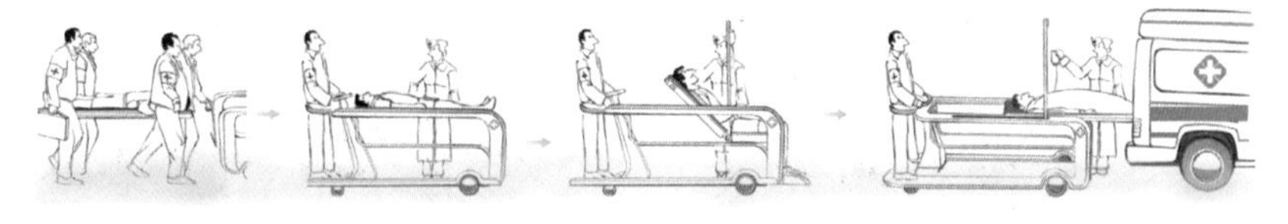

图4-64　产品概念故事板

图4-67　驾驶员站立驾驶方便快捷，同时配刹车、安全带等设施，操作简便

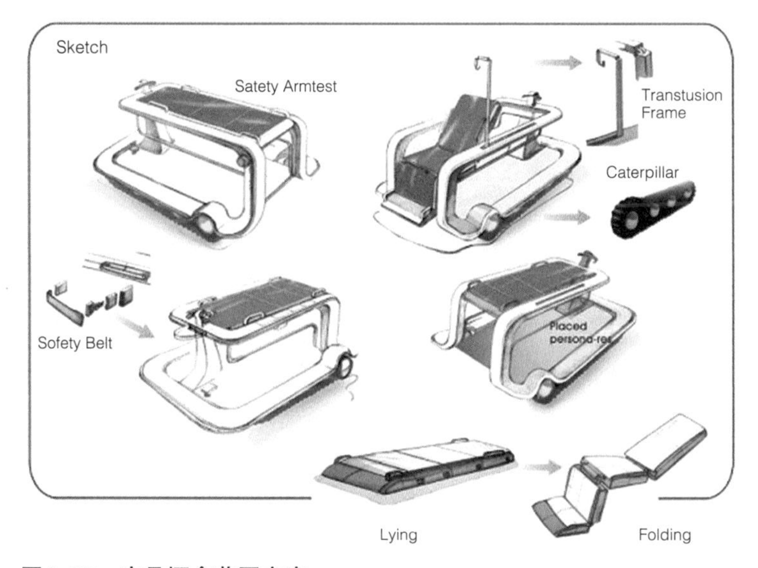

图4-65　产品概念草图方案

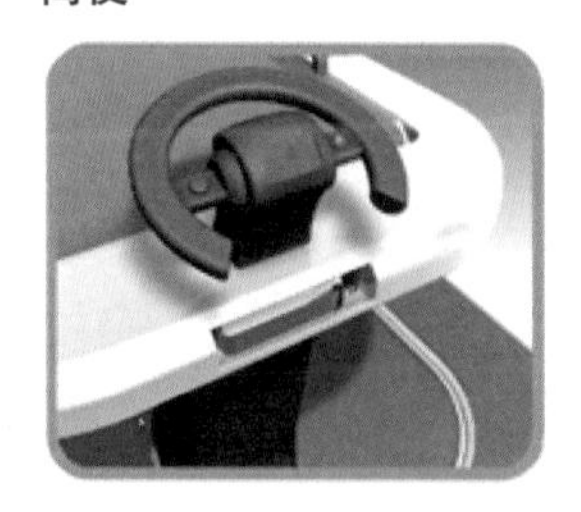

图4-68　方向盘中间语音对讲机，快速了解伤员情况，红色鸣笛，绿色加速

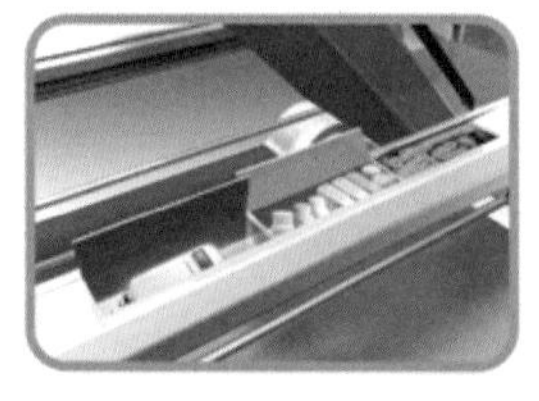

图4-69　车身另一侧分类放急救药品

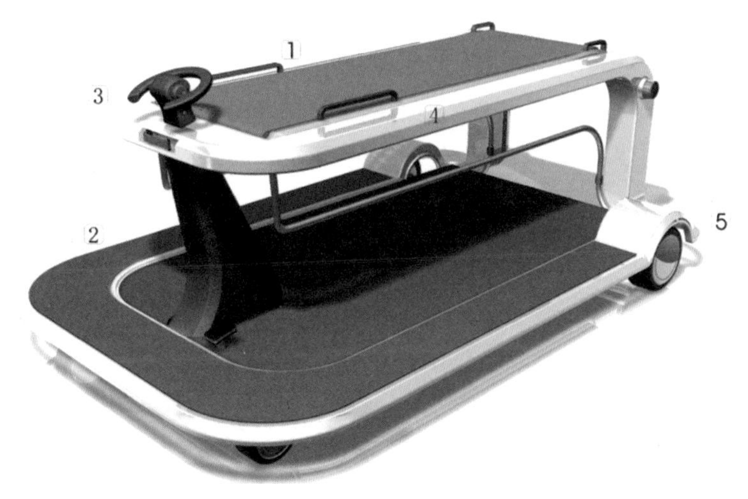

图4-71　产品方案

图4-70　医护人员站立设有防滑设施，另有钢管起支撑作用

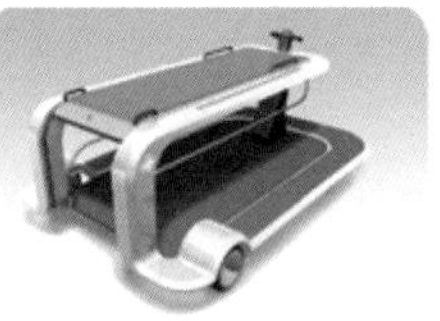
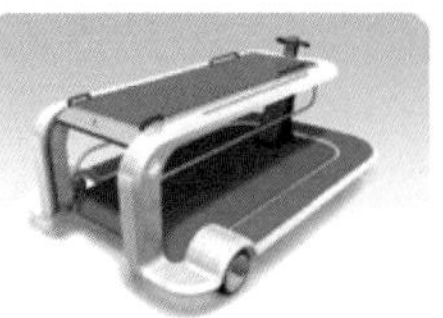

图4-72　产品色彩方案

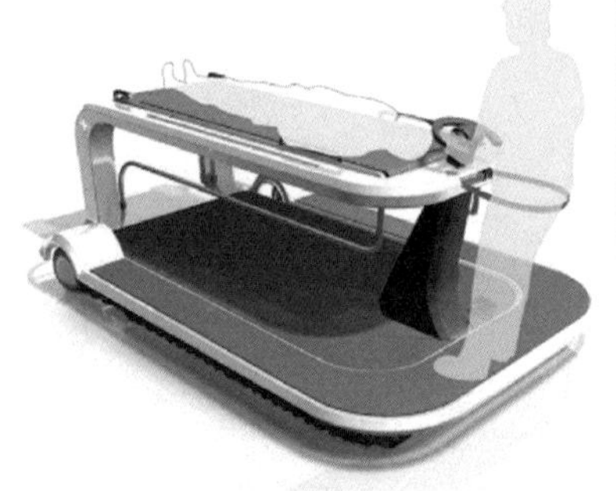
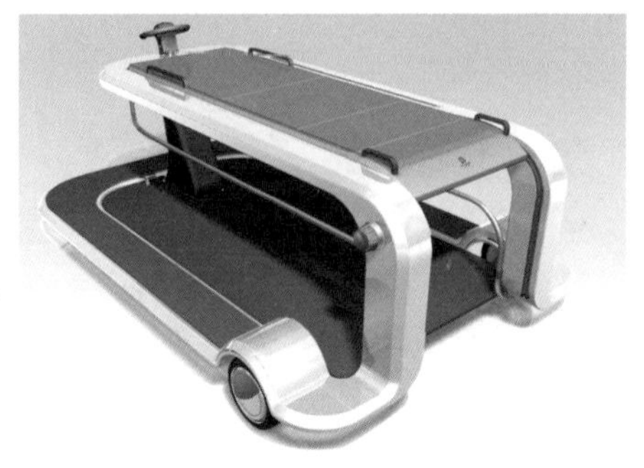

图4-73（左）
产品使用状态
图4-74（右）
产品最终方案

案例三　课题名称：“U+U=W”灾区急救帐篷

设计团队：万喜等

1.课题背景

U+U=W是设计团队获得德国红点设计概念奖的作品，它关注社会问题，体现人与人之间的爱，U+U=W就是YOU+YOU=WE的概念。设计是帮助抵御灾难的临时避难所，材料有正反蓝色和橘色两种颜色，根据需要蓝色搭建成个体住宅，橘色搭建成给需要救助、治疗和特护的临时医院。人们还可以根据需要迅速搭建单人的、双人的或者家庭用的各种帐篷，产品材料使用带黏胶的尼龙布。在居住的帐篷内可以配备各类生活用品，让面对灾难的人们感觉在家中般温暖、舒适。产品结构简单、组装方便，不需要太多的学习就可以完成安装和拆卸的工作。此设计主要侧重概念的发展，获得2004年德国红点概念设计奖。

（1）故事板（图4-75）

（2）产品使用方法

警报器手环在遇到紧急事件时起到警报提示的作用，配有闹钟和导航系统，便于人们在慌乱中明确自己的位置，能接收到各类救助信

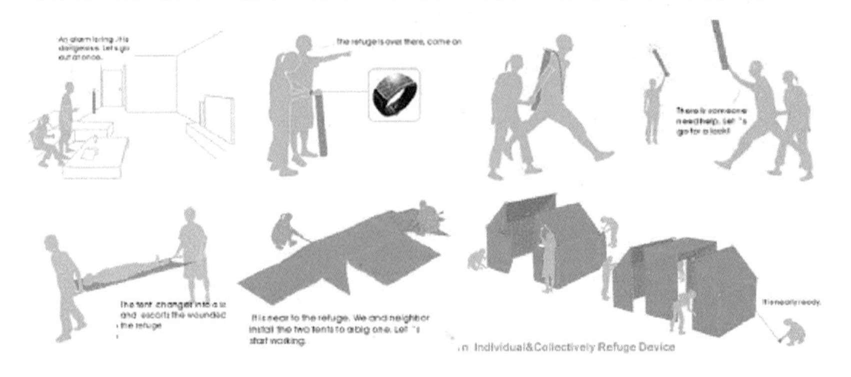

图4-75
产品概念故事板

息，能和其他人群进行联系和沟通，如图4–76所示。

平时可以像画卷一样卷成体积很小放置在家中，当遇到紧急警报时，人们可以方便地带上此物体寻求救助，如图4–77所示。顶部连接件装置是夜间可发光的材料，作为夜间照明和联系外界作用，如图4–78所示。

可调节长度的连接杆，如图4–79所示。

正反双色设计，如图4–80所示。

（3）产品不同的使用组合（图4–81～图4–83）

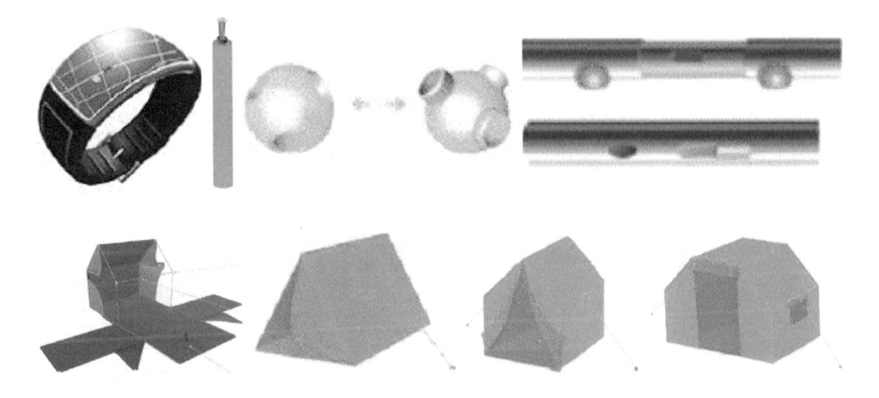

图4–76　警报器手环
图4–77　产品收合状态
图4–78　可发光连接件
图4–79　可调节连接杆
（从左到右）

图4–80　正反双色设计
图4–81　单体组合
图4–82　双组合
图4–83　三组合
（从左到右）

最终方案如图4–84所示。

图4–84　最终方案

案例四　课题名称：便携式音箱

设计团队：万喜等

1.识别机会

大量设计调查发现了为16～40岁的音乐爱好者设计便携式可折叠移动音箱这个机会缺口（图4–85）。

图4–85　使用者调查

2.理解机会

大量针对性的设计调查明确了设计定位为小巧、可折叠、方便携带、时尚、简洁。

3.根据这个设计定位，形成一系列的概念方案（图4-86）

4.经过几次的评估，最后形成一个在功能、形态、色彩、使用方式、使用环境等方面比较明确的概念（图4-87～图4-91）。

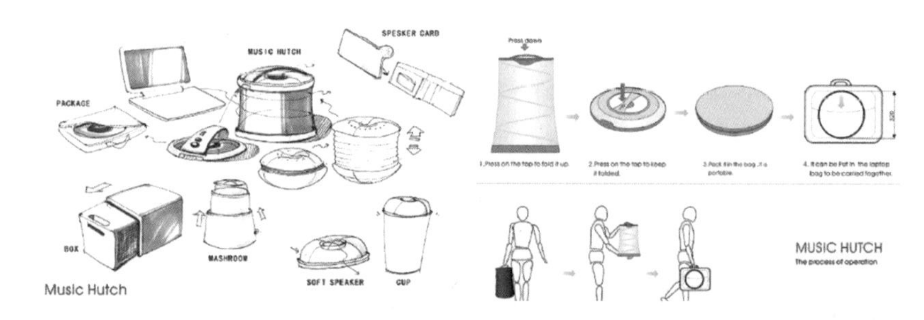

图4-86（左）
概念草图方案
图4-87（右）
使用方式

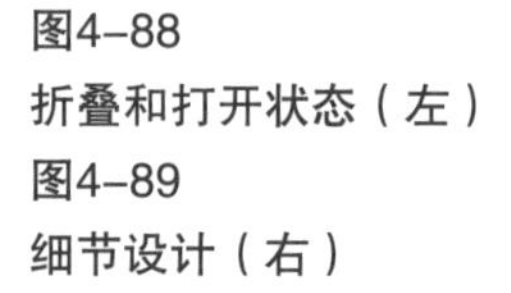

图4-88
折叠和打开状态（左）
图4-89
细节设计（右）

图4-90
使用和存放（左）
图4-91
使用环境（右）

4.4　产品设计开发商业类实践案例解析

商业性专题的设计，通常更多关注目标消费者的信息，而且一般情况下接受企业委托时已经对所开发产品有较明确的目标，在前期规划时着重弄清楚产品的市场定位及消费者定位，并且对于产品的分阶段上市有一定的计划和步骤。这一类产品设计要求市场实效性更强，能解决消费者的实际问题，与制造衔接更紧密，更注重成本考量与后期的整体评估。此类设计方法适合经济效益优先考量的商业型项目。

案例一　课题名称：商务杯开发设计

设计团队：瑞德设计

1.设计流程导图（图4-92）

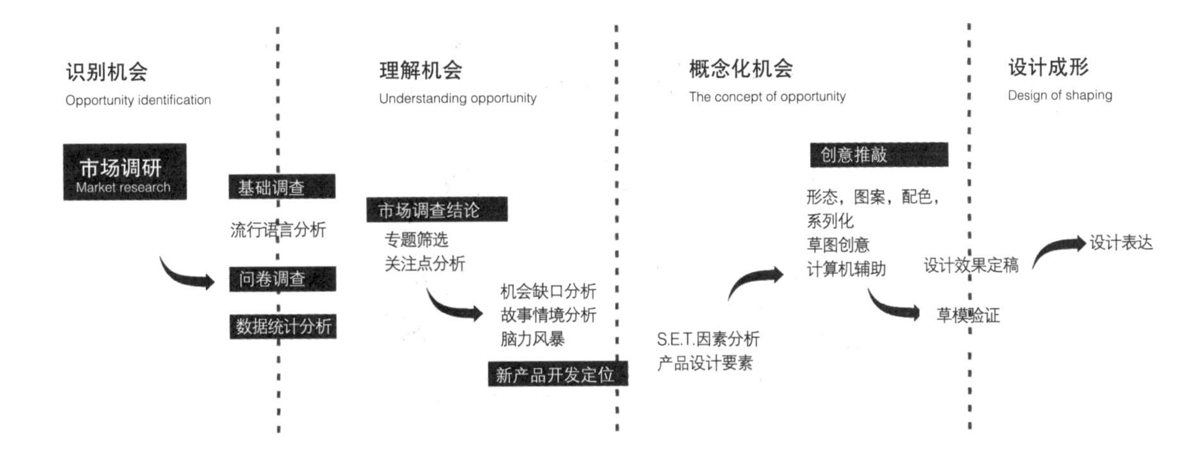

图4-92　设计流程导图

2.项目背景和企业目标

水杯是在日常生活和工作中人们必备的一件器具，目前市场上的水杯产品屡见不鲜、层出不穷，作为水杯生产的老牌企业，希望在看似饱满的市场中寻找到一个缺口，对原有的产品进行改良创新。于是经过前期研发团队和企业管理层的调研分析把市场缺口锁定在商务人士使用的水杯设计课题上，"商务杯"使用人群主要是商务男士、白领阶层，针对他们的个性、喜好和办公环境各异的情况，设计团队计划推出四款商务杯，以此填补翰林公司产品线的空缺。为塑造成功的品牌形象，设计出深受商务人士喜欢的杯子，我们对杯子市场和杯子本身特性各作了一次全面的调研。此案例为杭州瑞德设计有限公司的实际设计项目。

3.前期设计调查与规划

（1）调查目的

通过客观深入的市场调查和科学严谨的统计分析，充分了解口杯市场的供需空间和价格趋势，确定目标客户群对杯子外形、功能、色彩、图案等设计的需求喜好和价格定位，对项目的现有规划提出建设性的建议，明确项目定位，开发为市场所接受的产品。

本次调查是为掌握杯子发展动向而进行的一次策略发展研究，以帮助客户对目标消费者进行深入的了解，包括消费者对杯子的使用习惯及态度等，并对商务杯概念进行调查测试，进一步确认杯子细分市场下的优势，从而设计推出有创新概念的专属产品。

（2）调查方法

1）网络调查

①网络搜索调查——调查人：叶晓英；

②网络问卷——调查人：叶晓英、王培、李锐。

2）实地考察

图4-93
消费者访问（左）
图4-94
消费者问卷调查（右）

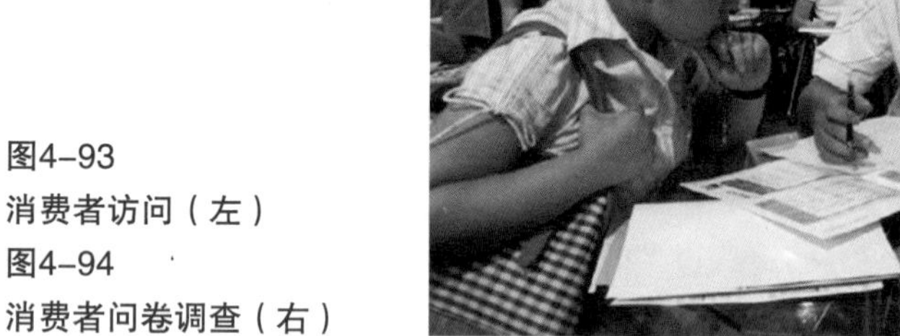

①实地访问（图4-93）；

②实地问卷调查（图4-94）；

③调查时间：2008.4.25～2008.5.23；

④调查地点：杭州城区各大公司，还有世纪联华、家乐福、物美、欧尚、上海华联、银泰百货、杭州大厦、星巴克等商场、超市；

⑤调查人：王少春（项目经理）、叶晓英、李锐、杨凡（市场情报专员）、王培、将琳（平面设计师）、杨倪娜、黄晓春等设计师；

⑥调查对象：经理、教师、导购员、售货员、零促生、超市杯子购买者。

（3）调查内容

1）目标消费群调查与分析

商务群体是个比较突出的人群，多半都是在办公室工作的、从事脑力劳动的人。不仅具有较高的学历和较高的收入，而且比较追求时尚，消费观念相对比较超前，具有较高的审美价值观念。

①消费的主导性：绝大多数商务群体的收入都可以满足自己的生活消费，因而在其他消费层面上，都取决于自身需求的强弱。

②消费的多样性：商务群体的消费主要涉及生活消费、娱乐消费和技能发展消费三个方面，而且其构成呈现出多样化的特点。他们消费的多样性一方面受其收入水平和生活习惯的影响，因而在消费层次、消费的数量等方面会表现出很大的差异；另一方面主要取决于个体自身需要的多样性。寻求多样性是由于需求强度的不同和需求层次的多样性而产生的。

2）问卷调查与分析

关于商务杯的调查问卷

你在喝水的过程中遇到过烦恼的事情吗？你希望这些问题得到怎样的解决呢？你希望拥有几只设计合理、外观漂亮的杯子吗？……那赶紧把你的想法告诉我们吧！说不定你心目中的杯子在不久的将来就能在市面上见到了哦！非常感谢！

1.工作之余，你喜欢或常做的事情是什么?

A.运动（如打球、游泳、爬山等）　B.逛街、购物等

C.看书、写作、上网、逛公园等　D.蹦迪、去酒吧、KTV唱歌、看极限运动和街舞表演等

2.你喜欢以下哪几个品牌?

A．阿迪达斯　B.宝马　C.美的　D.李宁

E．奇瑞QQ　F.大金　G.飞利浦　H.方太

3.在你购买物品时，别人的意见会影响到你吗?

A.会　B.有时候会　C.不会

4.你有专用的杯子吗?

A.有　B.没有

5.你购买杯子时，主要关注以下哪些方面?

A.外形　B.功能　C.色彩　D.图案　E.价格　F.品牌　G.工艺

6.你觉得下列哪个水杯容量适合您?

A.400毫升（易拉罐）　B.600毫升（矿泉水瓶）

C.800毫升　D.1200毫升　E.1500毫升（大瓶鲜橙多）

7.你平时用杯子喝什么?

A.开水　B.冷水　C.茶水　D.饮料（牛奶、咖啡等）

8.你认为杯子应该具备以下哪些功能?

A.防滑　B.防烫　C.便携　D.密封性（防漏）

E.保温　F.其他

9.你喜欢的杯子是什么样子的?

A.单层全透明　B.双层全透明　C.外层透明，里层不透明

D.外层透明，里层不锈钢　E.双层不锈钢　F.其他

10.您喜欢什么颜色的杯子?

A.白色　B.黑色　C.粉色　D.黄色　E.蓝色　F.绿色

G.紫色　H.咖啡色　I.透明无色

11.你习惯用什么方式喝水?

A.直接饮用　B.吸管　C.其他

12.你喜欢的日常用品是由谁购买的?

A.本人　B.亲人　C.其他

13.你的年龄是多大?

A.21～25岁　B.26～30岁　C.31～36岁　D.36岁以上

性别：　职业：

谢谢你的参与，祝你有愉快的一天！

有效问卷共75份，调研结果归纳如图4-95～图4-106所示。

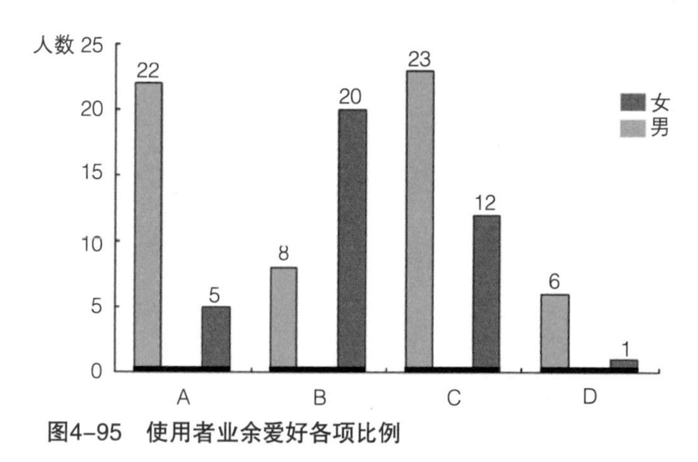

图4-95　使用者业余爱好各项比例

1.工作之余，你喜欢或常做的事情是什么?

A.运动（如打球、游泳、爬山等）

B.逛街、购物等

C.看书、写作、上网、逛公园等

D.蹦迪、去酒吧、KTV唱歌、看极限运动和街舞表演等

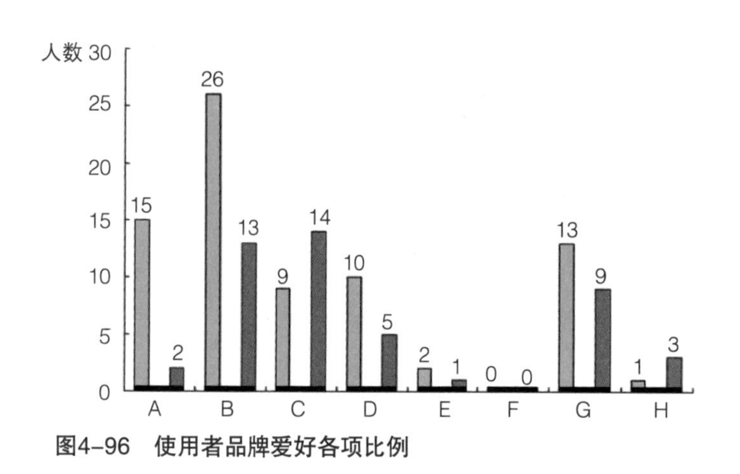

图4-96　使用者品牌爱好各项比例

2.你喜欢以下哪几个品牌?

A.阿迪达斯

B.宝马

C.美的

D.李宁

E.奇瑞QQ

F.大金

G.飞利浦

H.方太

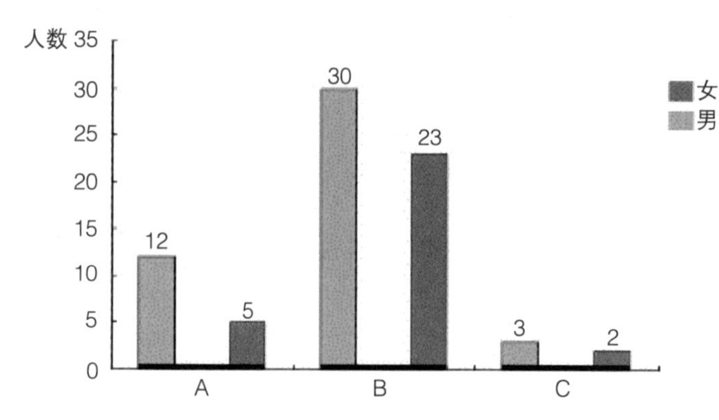

图4-97　使用者决策独立性各项比例

3.在你购买物品时，别人的意见会影响到你吗?

A.会

B.有时候会

C.不会

4.你有专用的杯子吗?

A.有

B.没有

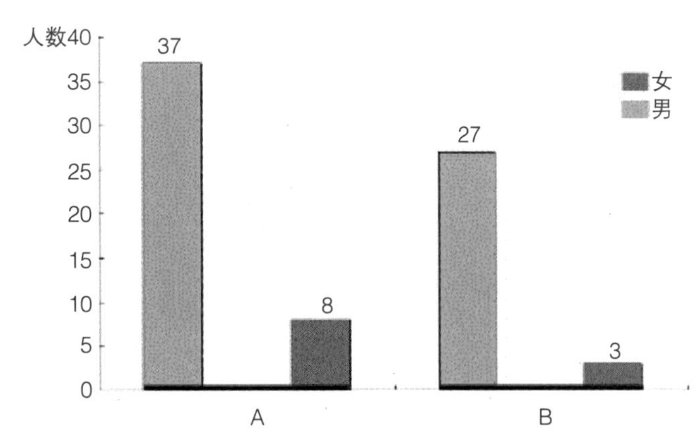

图4-98　使用者拥有同类产品的比例

5.你购买杯子时，主要关注以下哪些方面?

A.外形

B.功能

C.色彩

D.图案

E.价格

F.品牌

G.工艺

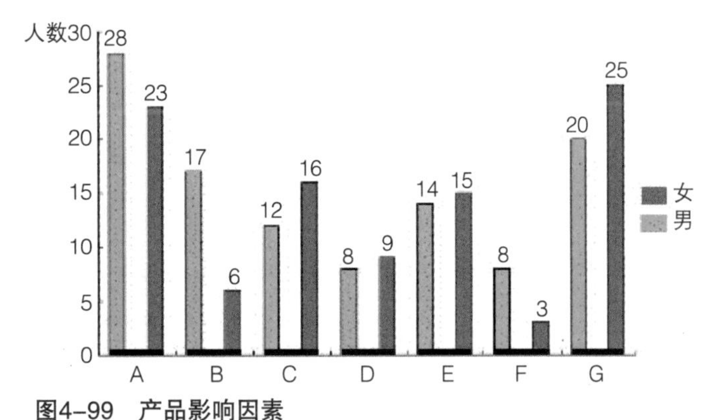

图4-99　产品影响因素

6.你觉得下面哪个水杯容量适合您?

A.400毫升（易拉罐）

B.600毫升（矿泉水瓶）

C.800毫升

D.1200毫升

E.1500毫升（大瓶鲜橙多）

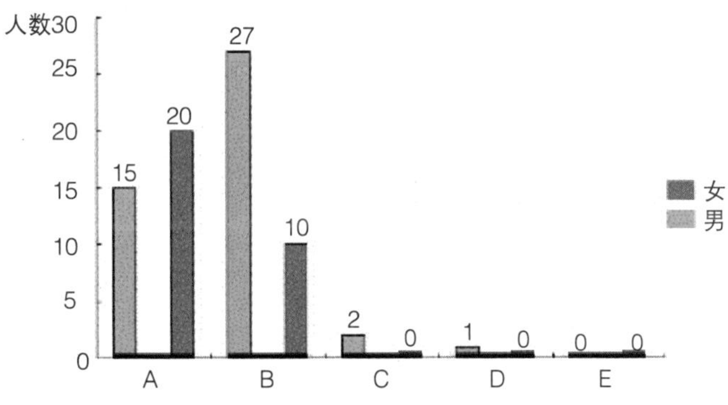

图4-100　产品合适容量地调查

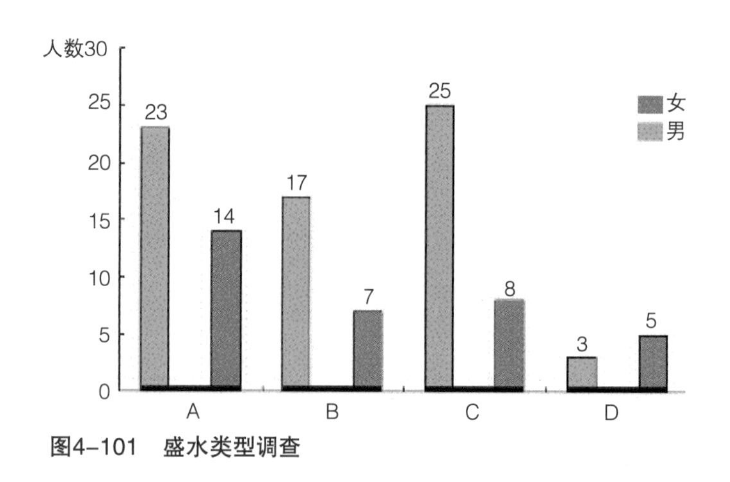

图4-101　盛水类型调查

7.你平时用杯子喝什么?

A.开水

B.冷水

C.茶水

D.饮料（牛奶、咖啡等）

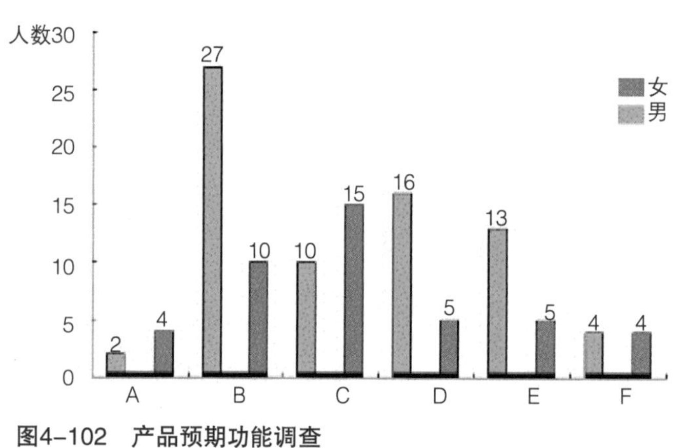

图4-102　产品预期功能调查

8.你认为杯子应该具备以下哪些功能?

A.防滑

B.防烫

C.便携

D.密封性（防漏）

E.保温

F.其他

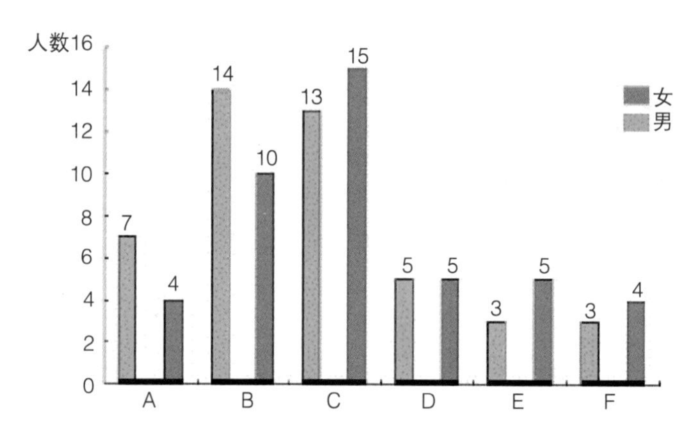

图4-103　产品预期外形调查

9.你喜欢的杯子是什么样子的?

A.单层全透明

B.双层全透明

C.外层透明，里层不透明

D.外层透明，里层不锈钢

E.双层不锈钢

F.其他

10.您喜欢什么颜色的杯子?

A.白色

B.黑色

C.粉色

D.黄色

E.蓝色

F.绿色

G.紫色

H.咖啡色

I.透明无色

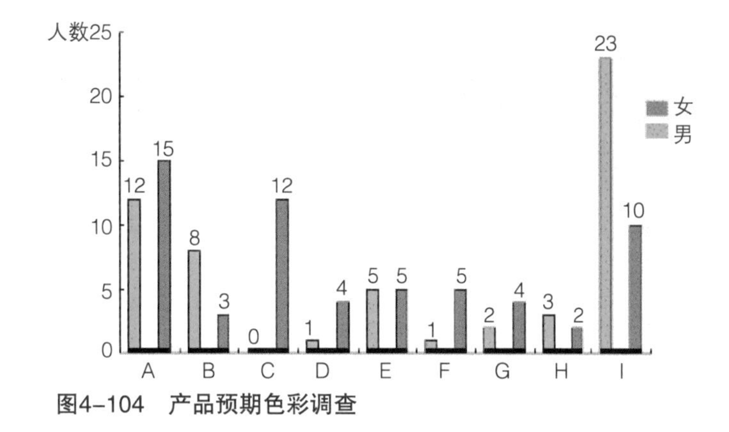

图4-104　产品预期色彩调查

11.你习惯用什么方式喝水?

A.直接饮用

B.吸管

C.其他

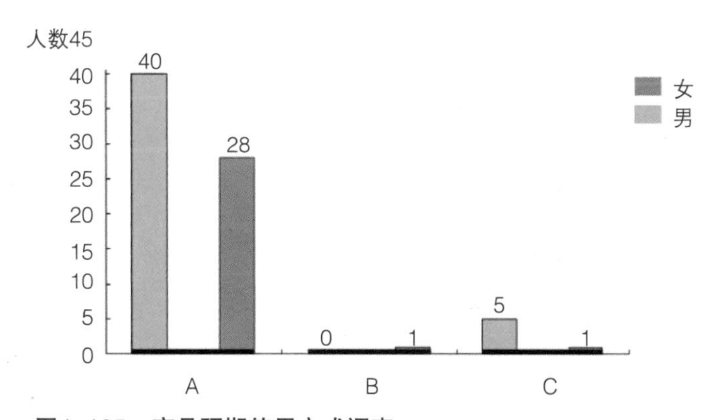

图4-105　产品预期使用方式调查

12.你喜欢的日常用品是由谁购买的?

A.本人

B.亲人

C.其他

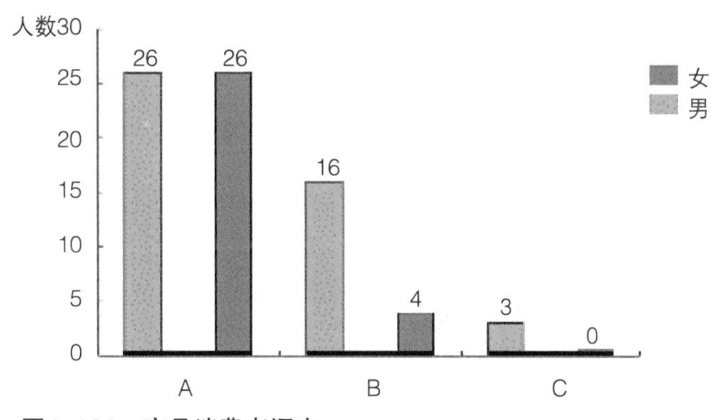

图4-106　产品消费者调查

图4-107　调研分析

团队成员在进行调研资料分析如图4-107所示。

3）流行语言分析

①市场上中高端品牌同类产品分析：在市场上选取中高端生产同类水杯的企业，如星巴克、南龙、象印、万象、阿拉丁几个品牌，对其企业形象、产品定位等方面进行全面的调查和分析，如图4-108～图4-113所示。

②流行色彩分析：如图4-114所示。

A.绿色畅想：2008春夏绿色仍然当道，你在商品柜台即将看到的会是满眼的绿，清新、自然、返璞归真，时而又深沉内敛，气度非凡。从现在开始玩味即将引领潮流的——绿。

图4-108　星巴克企业分析

图4-109　星巴克同类产品分析

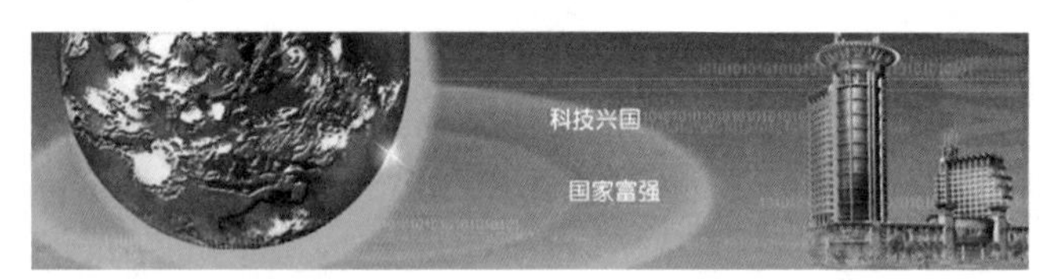

图4-110　南龙企业分析

图4-111　南龙同类产品分析

图4-112　阿拉丁企业分析

图4-113　阿拉丁同类产品分析

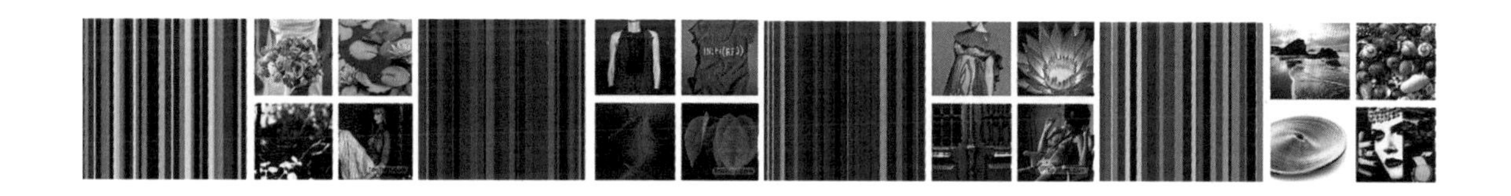

图4-114　流行色彩分析

B.魔幻红色：红色，象征生命火花的红色，象征激情与能量的红色——玫瑰红、大红、酱红、橘红、粉红、紫红等。2008年奥运会沉浸在中国红之中。

C.紫色魅力：紫色大行其道多年后，被时尚界称为不老的流行色的黑色和白色重新坐上了时尚宝座。

D.金色神秘：蕴含“未来主义”的金色、铜色都将陆续登场，由春夏延续而来的水彩色系摆脱了传统的角色而具有更深的调子，轻亮的色彩创造梦幻般的笔触效果。

③流行图案分析：如图4-115所示。

科学证明，人类获取信息的主要方式是视觉传达，占全部感知资源的70%，而个性独特的图案和鲜亮的色彩，更是主导了视觉感知的全部信息，从而转化成一份舒适而轻松的心情。

A.识别功能：不同的图案代表了不同的感知信息，既能区分图案的差异性，也能彰显杯子本身的魅力。

B.传播功能：视觉形象（杯体图案）能够保证信息传播的统一性和独特性，并可在一定的范围之内传播开，不断丰富品牌形象，这不仅可以便于公众识别、认知，更利于为公众所信赖。

④产品的情趣化要素分析：如图4-116所示。

现代社会，人与产品的关系变得越来越近，人们对产品的要求也不仅仅在于实现基本的功能，人们更希望能够通过产品的造型、色彩、材质和使用方式等各种设计语言与产品进行交流，从而获得全新的情趣体验和心理满足，这也正是工业设计所追求的目标。

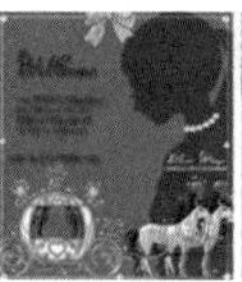

图4-115　流行图案分析

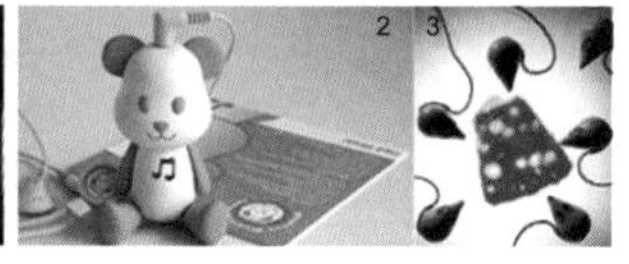
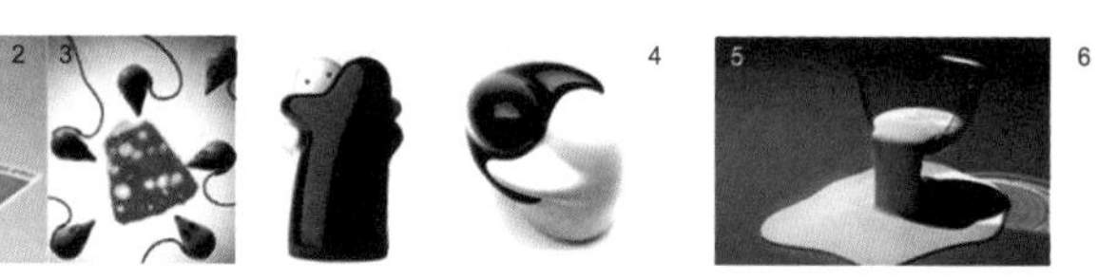

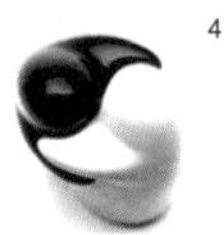

图4-116　情趣化要素分析

A.契合形态：契合形态也就是我们常说的正负形，通常利用共同的元素将两个或两个以上的形体联系起来，其中个体既彼此独立又相互联系。

B.律动形态：简而言之，就是用静止的形态记录一个运动的瞬间，从而让美丽的瞬间能够永久地保存下来，就仿佛用相机记录舞蹈演员美丽的舞姿。这样的形态通常能够给人以自由、浪漫的情感体验，给人无拘无束的舒适感。

（4）市场调查结论

1）从调查结果来看，商务杯给人的概念是简洁的、有品质感的，多数人首选不锈钢杯，然后是玻璃杯（易碎），再然后是陶瓷杯，最后才是塑料杯。在他们的印象中，塑料杯子是比较低档的。

2）从我们对杭州城区各大公司商务人员的调查结果来看，75%以上的人对于杯子的品牌毫无概念，只有5%的人知道摆在超市货架上的商务杯品牌，而另外20%的人觉得贵的东西就是好的，无所谓品牌的概念。

3）对于商务人员来说，杯子的容量大小，饮水口的舒适度，都成了他们考虑的问题；还有就是提出“清洗方便”是他们购买杯子的主要吸引力。

4）相对来说，女性对于杯子的图案和色彩关注度更高些，对杯子的综合品质要求会高一些。

5）对于商务人员来说，礼品方式的杯子受到好评，他们认为杯子是个人身份、品位的象征。

4.新产品开发定位与规划（图4-117）

（1）产品形态、图案及配色系列化设计

系列化设计是未来设计的主导思路，也是一个企业常青的动脉。所以在“商务杯”设计过程中，产品形态、图案设计及配色都要形成系列化特征，我们可以为“翰林商务杯” 创新设计系列化形态、图案，让这些图案扮演重要的角色，加大品牌推广力度，从而开创企业的新品牌形象。

图4-117 基于调研基础之上针对新产品开发方向的头脑风暴

1）杯子形态设计

杯身设计：从调查的各大品牌和市场调查问卷来看，商务人士对杯子的形态关注还是很高的，趋于简洁、流畅的形态比较容易让他们接受，而喜欢怪异形态杯子人数还是占少数，所以我们在设计的时候，还是以大多数消费者的消费心理为准的。

杯口设计：从调查的各大品牌和市场调查问卷调查来看，大部分人还是喜欢直接饮水的，所以杯口设计应更符合人的喝水姿势、喝水习惯等。

2）杯身图案、色彩设计

商务人士的生活是比较严谨的，所以他们所使用的杯子也不应该是太过于鲜艳、夺目的，应该以稳重、高雅的颜色为主，并配以简洁的图案，使得他们的办公环境更协调，更能使商务人士的心情愉悦。

3）杯子功能设计

通过调查访问，我们发现，商务人士静坐面对电脑的时间比例很高，不经常起身倒茶续水，所以杯子的保温、防烫功能很重要，同时附加的结构，要使得杯子拿握时的舒适度好，更符合人机工程学。

（2）系列化符号性设计

所谓的符号性设计，是包括图案符号、色彩符号、形态象征符号、功能警示符号和品牌识别符号等的设计。图案代表着故事和思想，经过时间的考验之后，它可升级成为成功的品牌形象，可为世人传诵、讴歌，比如斗牛、驰骋的骏马和怒吼的雄狮等图案，它们已经不是简单的图案了，而是一个成功的象征，一个成功的图案符号，在杯子产品推广和被认知的过程中，这些图案扮演了重要的角色。

对于商务人士来说，色彩符号扮演的角色并不是很强大。运用一些具有警示作用的设计语言，如在不透明的杯身上做出一块透明的区域，这里附加上最高盛水刻度，可直观水的高度，以免倒水时水溢出，使得产品本身的安全性能提升，这是功能警示符号设计。运用一些具有品牌识别的设计语言（如苹果的产品就很直观地反应苹果的品牌形象），使得产品本身的认知度提升，这是品牌识别符号设计。在产品中加入独特的语言符号，我们称之为符号性设计，在我们即将设计的学生杯中，我们会在其中加入一些可行的符号设计。

通过对杯子的市场调查分析，80%的商务人士喜欢简洁的图案和高雅、稳重的色彩，所以我们可以尝试设计含有抽象简洁图案的杯子；而对于杯子系列名称的命名和使用手册内容编写，我们可以尝试使用“翰林”的文化定义等资料，唤醒成功的商务人士驰骋商场的点点滴滴，也激励他们在商场中保持不屈不挠的精神。在杯子本身的设计中，我们会先体现所设计的产品的内涵，后通过包装来实现内涵的认知度。我们还是延续“一个产品就是一个故事”的系列化设计主题，赋予杯子产品全新的生命力。

商务杯的整体设计风格是简洁的，设计定位关键词是稳重、品位、内敛、大气。

在以上几个方向的设计中，必须将设计对象、环境和用户本身三者有机联系起来，及时了解商务人群的喜好、购买心理，及其生活的社会环境和人文环境现有的流行元素。

5.概念发展

设计图队经过前期的设计调查对所开发的产品有了一个明确的定位，随后开发团队通过绘画大量草图和用发泡塑料制作了大量的草模对各类方案在形态、体量等方面进行测试和评估。在本案例中设计师们主要是运用草模的方式来进行设计，设计团队从头至尾做了至少50多个的杯子草模，如图4-118所示。经过团队的反复推敲和测试，最终对八个系列的产品概念进行了细化设计，提交给客户方进行选择。由于篇幅关系，这里选出三个系列作参考。

图4-118　各类方案草模

（1）第一系列：体现稳重、大气、品位、内敛、品位等情感特征

1）使用环境分析（图4-119）

2）形态设计元素分析（图4-120）

3）产品色彩分析（图4-121）

4）产品材质分析（图4-122、图4-123）

5）产品结构分析（图4-124、图4-125）

图4-119　使用环境分析

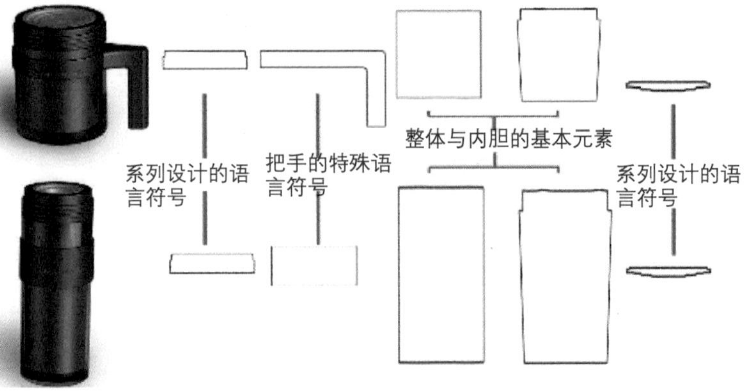

系列设计的语言符号

把手的特殊语言符号

整体与内胆的基本元素

系列设计的语言符号

图4-120
形态设计元素分析

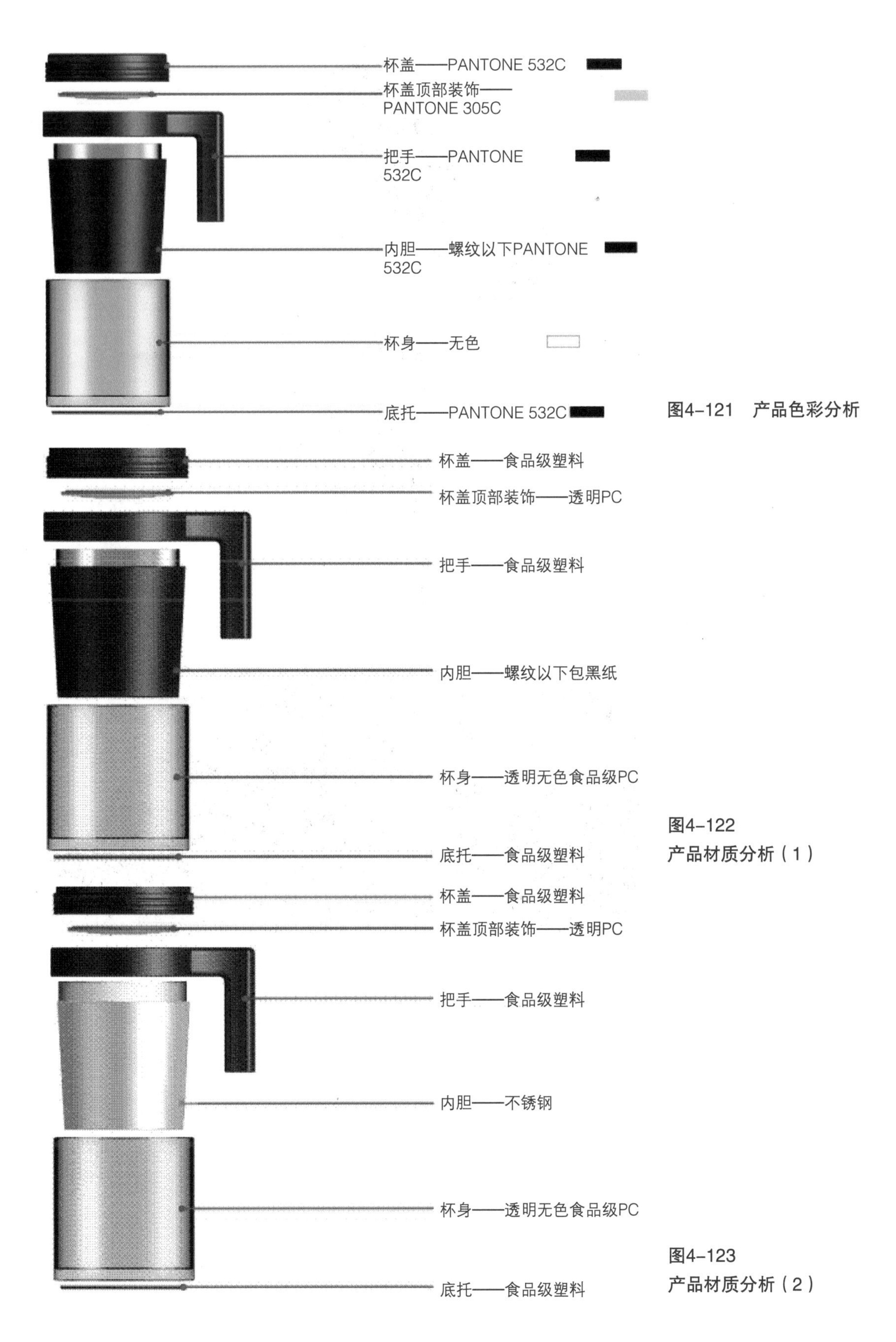

图4-121　产品色彩分析

图4-122
产品材质分析（1）

图4-123
产品材质分析（2）

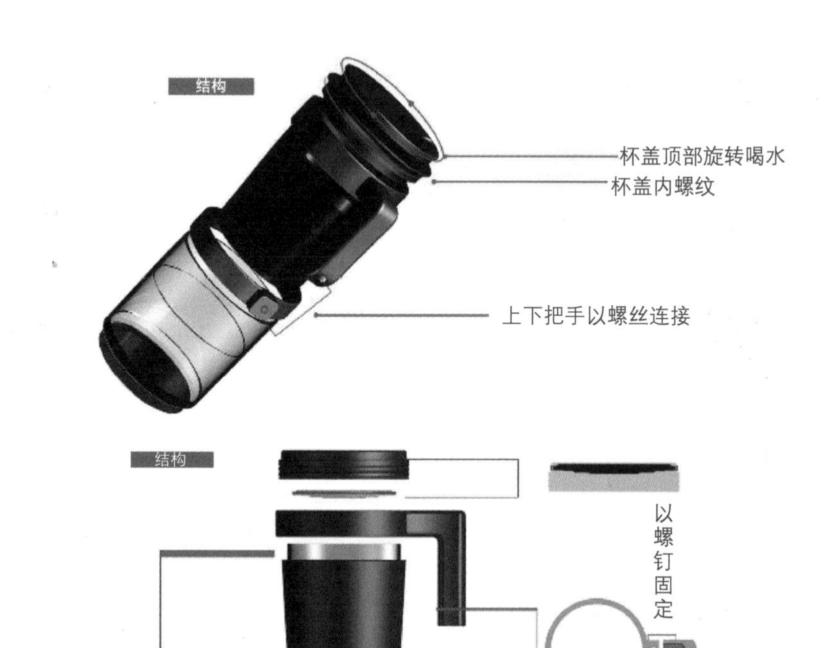

图4-124
产品结构分析（1）

图4-125
产品结构分析（2）

图4-126
产品使用环境分析

（2）第二系列：体现了稳重、品位的情感特征

1）使用环境分析（图4-126）

2）形态设计元素分析（图4-127、图4-128）

3）材质与工艺分析（图4-129、图4-130）

4）结构分析（图4-131）

5）色彩搭配和分析（图4-132～图4-134）

（3）第三系列：体现了细腻、柔性品位的情感特征

1）使用环境分析（图4-135）

2）形态元素分析（图4-136、图4-137）

3）材料和工艺分析（图4-138、图4-139）

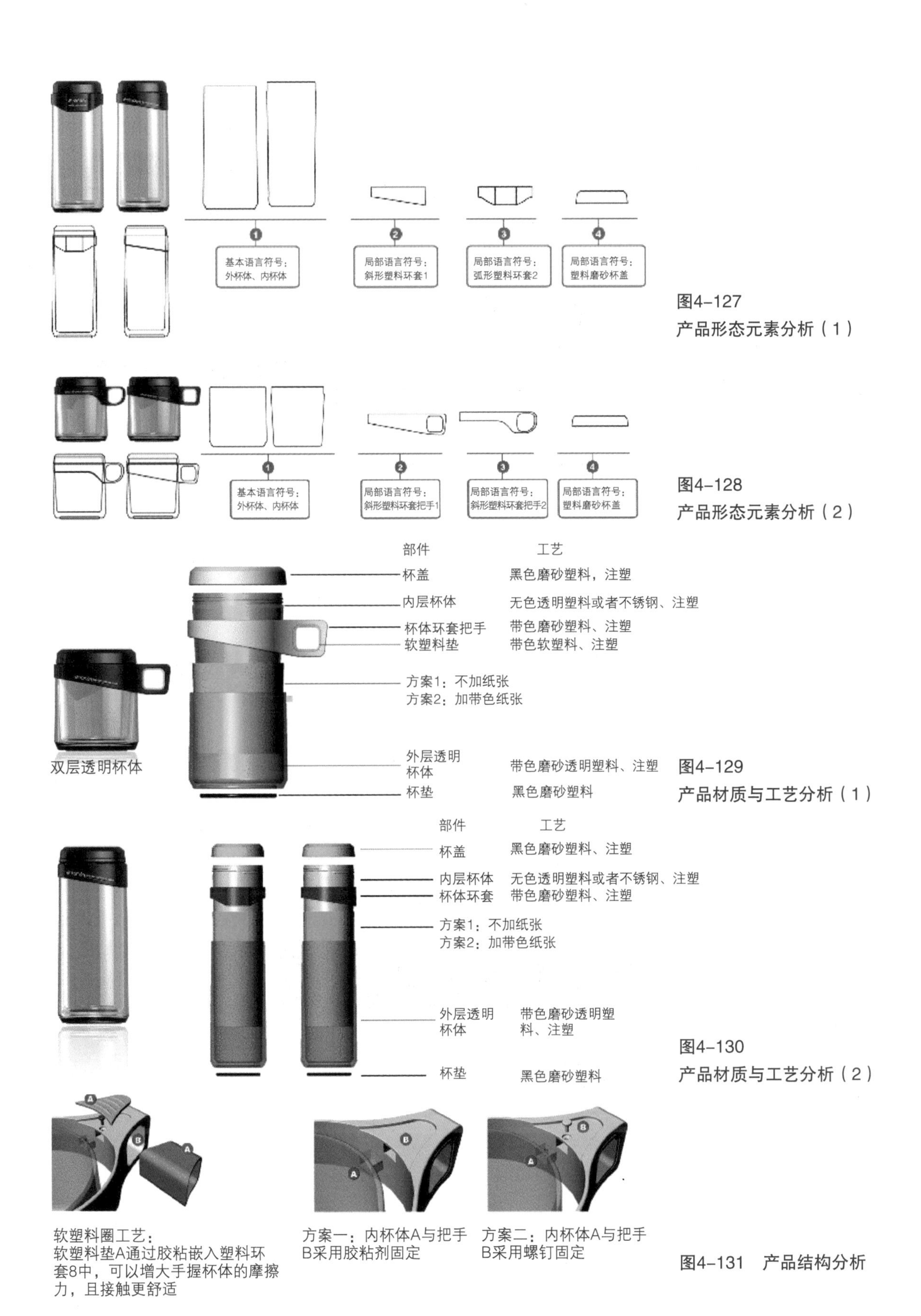

图4-127
产品形态元素分析（1）

图4-128
产品形态元素分析（2）

图4-129
产品材质与工艺分析（1）

图4-130
产品材质与工艺分析（2）

图4-131　产品结构分析

图4-132
产品色彩分析（1）

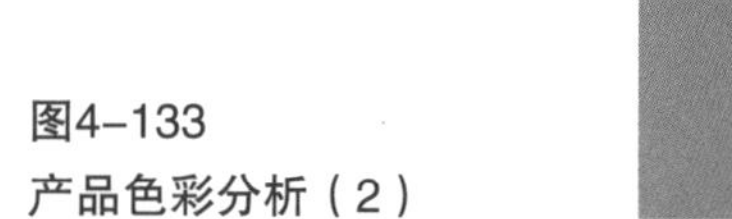

图4-133
产品色彩分析（2）

图4-134
产品色彩分析（3）

图4-135
产品使用环境分析（1）

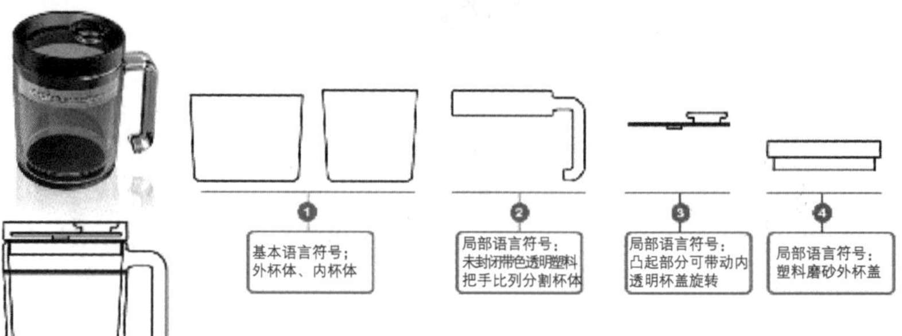

图4-136
产品形态元素分析（1）

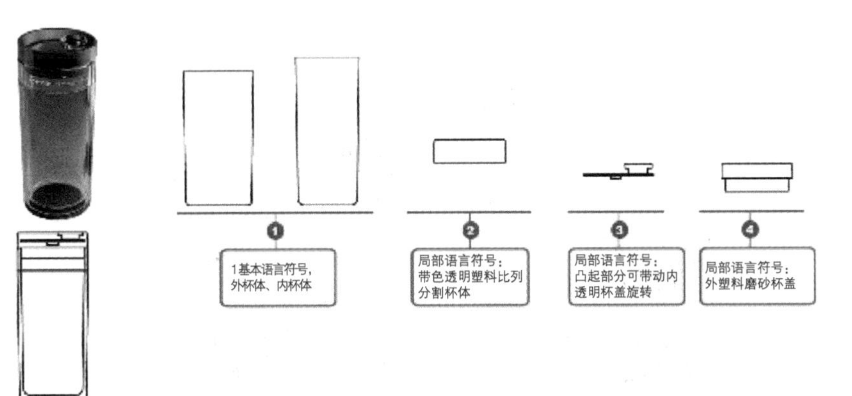

图4-137
产品形态元素分析（2）

图4-138
产品材料与工艺分析（1）

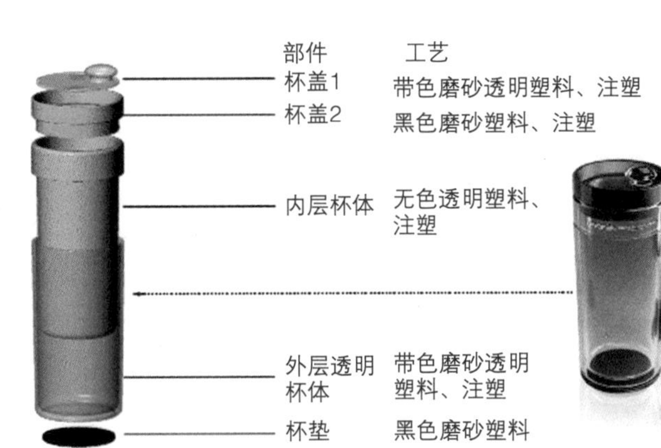

图4-139
产品材料与工艺分析（2）

4）结构分析（图4-140）

方案一：不锈钢把手与不锈钢环套采用焊接或胶粘，不锈钢环套与杯体采用胶粘

方案二：不锈钢把手与不锈钢环套采用螺钉连接，不锈钢环套与杯体采用螺钉固定或胶粘

方案三：利用不锈钢环套的张力扣紧杯身，再利用螺钉固定不锈钢把手与不锈钢环套

图4-140 产品结构分析

图4-141 产品色彩分析

5）色彩搭配和分析（图4-141）

案例二 课题名称：方太厨具银睿五系项

设计团队：瑞德设计

1.项目开发背景

在"银睿五系"五件产品中，吸油烟机、灶具、消毒柜、烤箱均被选定为2008年iF中国设计大奖获奖产品,系列化厨电产品整体获奖，这在IF中国历史上尚属首次，开创了厨电产品先河。

（1）方太是国内厨电行业的知名品牌，长期引领厨电产品发展方向。

（2）以往人们习惯将微波炉、电烤箱、消毒柜等厨房电器摆放在台面上，使厨房看起来凌乱无序，而且影响美观。随着人们生活习惯的逐渐改变，以及厨房电器生产技术的创新发展，会"隐身"的嵌入式厨房电器开始出现并受到消费者的欢迎，逐渐成为厨电市场的主流。

（3）嵌入式家电能够与厨房家具形成统一的风格，使空间更加整洁，家电摆放有序且不再凌乱。同时，人在厨房中活动也更加方便。正是基于这样的原因，现代一体厨房装修在国内也开始风靡。

（4）目前国内市场不乏以"烟灶消"三件套为主的厨电套件产品，但是缺少在设计理念产品诉求等方面高度统一的套系产品。

2.设计第一阶段：寻找需求阶段

（1）客观深入的厨电市场调研

1）了解各种厨电产品的市场信息，包括销售数据、热销产品、发展趋势。

2）深入分析方太本品牌现有产品，包括油烟机、灶具、消毒柜等产品各价位段产品布局情况及产品特征。

3）了解竞争品牌竞争产品的特征以及销售情况，对目前在售的各品牌套件产品进行调研分析。

（2）用户调研

1）采用网络全方位的问卷调研，了解消费着对厨房满意度的情况，挖掘厨电产品设计的突破点。

2）针对准备购买厨房家电的部分人群，采用问卷、用户访谈的形式了解消费者热点需求。

3）针对正在使用厨房家电的消费人群，深入用户家庭，充分了解用户的烹饪习惯，对厨电产品使用情况全面了解，通过观察用户厨房生活，了解用户对厨房的真实需求。

（3）家装市场调研

1）橱柜产品的整体风格对于嵌入式厨电产品的设计有着重要的引导性，了解橱柜市场信息也是市场调研中重要的一环。

2）厨房装饰风格调研，解决厨电产品与厨房整体装修风格的统一与和谐问题。

3.设计方向定位

经过为期数周的调研分析，我们确定设计方向是一个包括油烟机、灶具、消毒柜、微波炉、烤箱这五个产品的嵌入式厨电套件，它应该是一个在各方面都趋于完美的设计，同时也需要成为一个受消费者欢迎的畅销商品。

4.概念开发阶段

（1）从第一阶段消费者全方位的研究结果，依据对消费者需求的关键洞察，我们推导出五项设计指导原则。此原则引导设计为消费者带来最终利益并针对市场推广有最终需求卖点

1）领先的外观设计：外观是用户选购的重要体验点，我们需要提供给用户充满现代感的设计和细腻精致的视觉美感。

2）出色的工艺品质：结实耐用是中国人对厨房产品的一个重要需求，高品质的材料和优秀的工艺可以提升产品的附加价值。

3）最大的空间施展：消费者希望完全利用有限的厨房空间，达到无限施展。空间利用更合理，更有效。厨房空间的统一、和谐、扩展是现代厨房需求的导向。

4）真正的易清洁：产品清洁为产品体验的第一感知，产品清洁方便、有效已经成为产品效能的组成关键。

5）人性化的操作：简洁直观的界面是大多数人所需要的，人性化细节可以提升烹饪的愉悦感。

（2）设计语言的构想

作为完整套件产品的外观设计，仅靠在材质上统一显然是不够的，我们需要赋予整套产品一个灵魂，一个贯穿连接五个产品的设计语言，既能很好地运用于每个产品之中，又能体现整个套件的核心价值。构思一个优秀的设计语言是整个设计过程中最重要，也是最有难度的一环，不过通过设计小组的头脑风暴，我们还是获得了很多出色

的概念。在这些概念之中，一个源自钢琴的设计语言让所有人眼前一亮，钢琴给人以高雅、精致、剔透的艺术美感，和整个套件产品的设计指导思想能够很好地结合，犹如钢琴琴键般美妙的黑饰条设计搭配高品质的不锈钢材质，将高贵气质植入整体厨电产品设计中，可以让人置身厨房犹如徜徉于音乐旋律中般赏心悦目,将设计变为凝固的音乐，如图4-142所示。所有的设计师对这个概念构思都非常满意，接下来要做的就是如何将这个艺术的灵魂注入产品中。

5.概念方案具象阶段

整个套件中的五个产品在外观结构上都有较大的区别，深度挖掘每个产品的特性，并通过琴键的设计语言贯穿整个产品线，设计团队完成了最初的设计草图，如图4-143～图4-145。

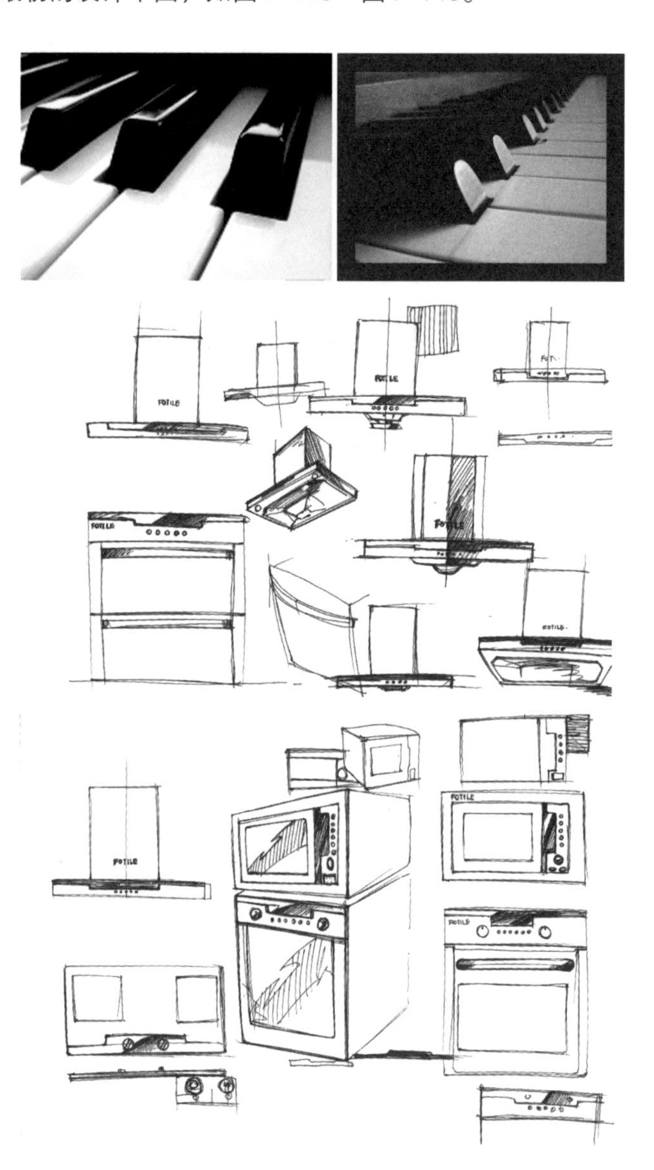

图4-142　形态语义分析

图4-143　概念草图（1）

图4-144　概念草图（2）

图4-145　概念草图（3）

图4-146　灶具方案深入

图4-147（左）
消毒柜方案深入（1）
图4-148（中）
消毒柜方案深入（2）
图4-149（右）
消毒柜方案深入（3）

6.方案深入阶段

经过草图的初步验证，我们初步确定了产品的概念设计方案，接下来需要将每个项目细化，这里开始要考虑更多的细节问题，包括协调产品比例、工艺和材质的搭配、整体和谐度等，力求每个环节都做到最好，如图4-146～图4-151。

7.细节深入，方案完善

设计稿的定案并不代表设计工作的结束，在最终出样之前还要结合实际生产制造的需要与结构工程师一起进行多次外观上的微调，特别是关于产品的工艺处理、色调的协调、控制部分的排布方式、控制屏显示的色调、产品灯光等诸多细节在后期进行产品跟踪服务。交互与视觉设计进入一个迭代的设计阶段，一次又一次的设计修改，直到最终的产品展示效果得到各方的认可。团队在产品刚上市之后对用户进行再次调研，对产品使用后的感知进行再次整理，有助产品的提升与升级。

8.产品推出（图4-152～图4-157）

9.综合评价

银睿五系源于人们所追求的高品质厨房生活的启迪，不仅在于外观的和谐统一，当人们对厨电套系的认识还停留在油三件套时，银睿五系则因加入嵌入式烤箱与嵌入式微波炉，使得厨电系列进一步完整，为人们勾勒出一幅现代高品质厨房生活的全新画卷。五件产品全部采用嵌入式模块设计，能更大程度释放厨房空间，优化操作环境，

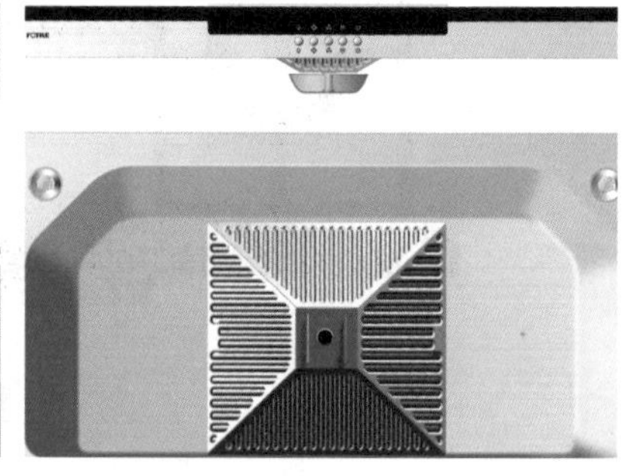

图4-150（左）
整体配合方案
图4-151（右）
油烟机方案

图4-152（左）
整体效果
图4-153（右）
消毒柜内部

图4-154（左）
消毒柜外部
图4-155（右）
灶具

图4-156（左）
油烟机
图4-157（右）
消毒柜操作界面

让厨房工作变得更为轻松和流畅，为厨房生活嵌入更多可能。产品设计融入人性化科技，一米超静音吸油烟机，在产生强劲吸力的同时，噪声更是低至52分贝，使人静享清新厨房空间。燃气灶应用了行业顶尖技术——五腔无风门设计，能够持久保持高效燃烧。消毒柜则采用了360°环形杀菌技术，保证餐具的每一个角落都能得到有效杀菌。嵌入式微波炉采用微波、光波双重高效火力，可烹饪更多美味。嵌入式烤箱采用八段火力烘烤，更是考虑了中国人的饮食习惯，囊括了生活所需要的所有烤制要求。最特别的是“烟灶联动感应”技术，轻轻开启灶具旋钮，油烟机立刻自动感应，迅速启动吸净油烟，厨房持久清新，步入更智能的厨房新时代。

【思考和练习题】

选定一个课题，也可以由老师拟订一个课题，要求是比较简单的产品，比如文具、启瓶器、水果刨子、瓶塞等，可以是改良型设计，也可以是创新设计。

作业要求建议：课程的作业安排是课程教学的重要内容，合理的课堂和课后练习是提高教学质量的有效手段。平时课堂汇报用ppt或pdf文件展示，最后作业需要提交整个课程的汇总ppt一份、设计说明文本一份、展板、模型。展板、ppt和设计说明文本要求条理清晰、排版精美，有逻辑地记录设计的发展过程和结果。

考核建议：学生最后的成绩结合课程作业和平时表现进行考核，具体评分的各项比例建议如下，仅供参考：学习过程表现30%（包含读书汇报、讨论等）；表达陈述10%（包含口头表述和最终汇报文件制作能力）；概念发展20%；最终成果25%（单纯对最终设计成果的评价）；技能15%（包含草图、计算机绘图等能力）。

参考文献

[1] 杨向东主编.工业设计程序和方法.北京：高等教育出版社，2008.

[2] 何晓佑编著.设计问题.北京：中国建筑工业出版社，2003.

[3] 李乐山等著.设计调查.北京：中国建筑工业出版社，2007.

[4]（美）Donald A.Norman.好用型设计.北京：中信出版社，2007.

[5] 王受之著.世界现代设计史.北京：中国青年出版社，2003.

[6]（美）Jonathan Cagan，Craig M. Vogel.创造突破性产品.辛向龙，潘龙译.北京：机械工业出版社，2003.

[7] Karl T. Ulrich，Steven D. Eppinger.产品设计与开发.张书文，戴华亭译.北京：高等教育出版社，2005.

[8] 何人可主编.工业设计史.北京：北京理工大学出版社，2000.

[9]（美）美国工业设计师协会主编.工业产品设计秘诀.雷晓鸿，邹玲译.北京：中国建筑工业出版社，2004.

[10]（美）克里斯蒂娜·古德里奇等编著.设计的秘密.北京：中国青年出版社，2007.

[11] 李乐山著.工业设计心理学.北京：高等教育出版社，2004.

[12]（法）第亚尼.非物质社会.滕守尧译.成都：四川人民出版社，1998.

[13]（美）吉姆·莱斯科.工业设计——材料与加工手册.李乐山译.北京：中国水利水电出版社，知识产权出版社，2005.

[14]（英）詹姆斯·霍姆斯-西德尔，塞尔温·戈德史密斯著.无障碍设计.大连：大连理工出版社，2002.

[15] Claudio Germak 等著.UOMO AL CENTRO DEL PROGETTO.UMBERTO ALLEMANDI & C.

[16]（日）荣久庵宪司等著.不断扩展的设计.杨向东，詹政敏，詹懿虹译.长沙：湖南科学技术出版社，2004.

[17] 吴翔编著.产品系统设计.北京：中国轻工业出版社，2000.

[18] 柳冠中编著.事理学论纲.长沙：中南大学出版社，2007.

[19]（美）Eric Butow著.用户界面设计指南.陈大炜，孙志超译.北京：机械工业出版社，2008.

[20] 何晓佑编著.产品设计程序和方法.北京：中国轻工业出版社，2010.

[21] 李乐山编著.工业设计思想基础.北京：中国建筑工业出版社，2007.

[22] 郑建启，李翔编著.设计方法学.北京：清华大学出版社，2006.

[23]（美）Donald A.Norman著.情感化设计.付秋芳，程进三译.北京：电子工业出版社，2005.

[24] Hansjerg Maier-Aichen.New Talents State of The Arts.Avedition.

[25] 吴佩平，傅晓云编著.产品设计程序.北京：高等教育出版社，2009.

[26] 设计在线网站，www.dolcn.com.

[27] 视觉同盟网站，www.visionunion.com.

[28] www.watercone.com.